登封"天地之中"历史建筑群现状调查系列丛书

初祖庵大殿

郑州嵩山文明研究院
郑州大学　编著

中国建筑工业出版社

图书在版编目（CIP）数据

初祖庵大殿/郑州嵩山文明研究院，郑州大学编著
.—北京：中国建筑工业出版社，2023.6
（登封"天地之中"历史建筑群现状调查系列丛书）
ISBN 978-7-112-28592-1

Ⅰ.①初…　Ⅱ.①郑…②郑…　Ⅲ.①木结构－古建
筑－保护－研究－登封　Ⅳ.①TU-092

中国国家版本馆 CIP 数据核字（2023）第 059439 号

责任编辑：李笑然　梁瀛元　刘瑞霞
责任校对：王　烨

登封"天地之中"历史建筑群现状调查系列丛书

初祖庵大殿

郑州嵩山文明研究院
郑州大学　编著

*

中国建筑工业出版社出版、发行（北京海淀三里河路 9 号）

各地新华书店、建筑书店经销

北京龙达新润科技有限公司制版

建工社（河北）印刷有限公司印刷

*

开本：787 毫米×1092 毫米　1/16　印张：11½　字数：254 千字
2024 年 6 月第一版　　2024 年 6 月第一次印刷
定价：**136.00** 元
ISBN 978-7-112-28592-1
（40894）

序　言

世界文化遗产登封"天地之中"历史建筑群是中国数千年来关于"中"这一宇宙观的实证与代表。早在原始洪荒时期，中华先民已在此生活，是中华文明形成的重要区域。自周公在此区域测定地中，历代封建王朝均将此视为天地之中。自商周而至唐宋，这里均属于当时的政治中心，不论是趋近政治中心以利传教的各大宗教，还是跟进政治中心的科技、文化、政治力量，均向"中"而行，形成了一大片融合了中国古代科技、文化、政治、宗教精华的文化景观。

列入《世界遗产名录》的"天地之中"历史建筑群共 8 处 11 项，包括庙、阙、寺、塔、台和书院等建筑形式，年代包括汉、魏、唐、宋、金、元、明、清，类型包括礼制、宗教、科技和教育建筑，代表了中华文化两千年来的精华，深刻影响了同类型古建筑的演变与发展，拥有多个中国古建史上的最早或唯一，是世界建筑史的经典之作，是古老中华民族的伟大与骄傲。

由于这里所处的中心地位，至迟在周代就已被命名为中岳（《周礼》），很早就被帝王选中作为礼制活动场所。秦筑太室山神祠，汉武帝于元封元年（公元前 110 年）登太室山以通神仙，以 300 户为太室祠供奉。保留至今的东汉太室阙、少室阙、启母阙，以及由太室祠延续演变而来的中岳庙，正是礼制封禅文化兴盛的证明。这三组汉阙为现存仅有的汉代国家级祭祀山神的庙阙，我国其他地区所存汉阙则为个人墓地的墓阙。

中国佛教的发展特点是始终依托政治力量。佛教在嵩山的发展，正因为嵩山是紧邻政治中心洛、汴两京的近畿名山，区位优势巨大。"天地之中"历史建筑群中的佛教建筑包括嵩岳寺塔、净藏禅师塔、会善寺大殿、少林寺初祖庵大殿、塔林，以及数十处佛寺塔刹遗迹。中国现存的宗教建筑众多，但像"天地之中"历史建筑群这样能够全面体现中国佛教建筑史者并不多见。其中，嵩岳寺塔不但是我国现存最早的古塔，也是现存最早的砖塔，更是现存唯一一座平面十二边形的古塔。如果站在世界建筑发展史的角度来观察这个建筑，在建筑技术方面尤其值得称赞。初祖庵大殿更是中国唯一的一座建造年代与《营造法式》颁布年代相近、制度符合较多又距离当时的首都不远的北宋木构建筑，该殿忠实地表现出了北宋建筑艺术风格和技术特征，在世界古代建筑史中占据重要地位。

阳城之地自古就被视为大地的中心，相传周代即已在阳城开展天文观测活动，故唐代在其址竖立石表名之曰"周公测景台"。元代至元十三年（1276 年）又在这里修建了兼作天文仪器的建筑——观星台，这是中国现存最古老、最杰出的天文建筑。许衡、郭守敬等编订的《授时历》中一回归年比现在采用的阳历仅差 0.0003 日，相当于 26 秒，比 16 世纪末产生于欧洲的格列高利历早了 300 多年；观星台既是《授时历》编订中使用的天文台之一，也是唯一存世的原物。观星台整座高台所用砖料坚固，砌筑十分精准，反映了 13 世纪中国科技建筑的建造水平。

书院建筑是中国教育建筑发展的见证。建于宋至道二年（996 年），距今已达 1027 年的嵩阳书院曾经被誉为我国古代四大书院之首。郑遨、种放、理学家程颐和程颢等人来讲学，司马光曾在此编写过著名的《资治通鉴》的部分章节。在唐宋之际历史上有名的人物，如蒙正、赵安仁、钱若水、陈尧佐、杨愷、滕子京等人皆出于此。

如此多样的建筑类型共同组成了完整的体系，堪称一座中国古建筑的博物馆。最为难能可贵的是，这些建筑和建筑群都是位于始建时的国家统治中心和文化中心的紧邻区域，它们所体现的建筑技术、艺术和空间造型都代表了当时的主流建筑成就。

对上述这些建筑遗产的研究将大大推进对中国古代建筑的研究，而对它们的现状进行详细的调查与记录则是一切研究的第一步。在以往，多位学者已对其中一些建筑开展过测绘、测量、勘察，其成果都是有益的；不过用现在的眼光来看，它们或者没有公开，或者调查程度深浅不一，或者只是法式测绘，或者测量精度欠佳。2010 年，登封"天地之中"历史建筑群申遗成功，2012 年被国家文物局列入中国世界文化遗产监测预警体系建设试点之一，运用最新的科技手段，对这些建筑珍宝进行整体、全面、系统、深入的现场勘察和病害调查已经成为做好世界遗产监测工作的迫切需要。

近些年来，"天地之中"历史建筑群的各级文物管理者，汇集国内权威学者、团队，陆续开展了相应工作，工作成果汇集成了这套丛书。

我第一次到登封还是在 20 世纪 60 年代，在 21 世纪第一个十年中又有幸参与了"天地之中"历史建筑群整体规划、申报世界文化遗产以及若干单体的保护工作，对这些中国古代建筑史中最精彩的乐章充满感情。我受郑州市文物局、原郑州市文化遗产研究院❶的嘱托，写下这些感想，并祝贺丛书出版。

是为序。

郭黛姮

---

❶　郑州市文化遗产研究院，原为郑州市世界文化遗产保护管理办公室，2019 年更名为郑州市文化遗产研究院，2020 年并入郑州嵩山文明研究院。

前　言

初祖庵又称"达摩面壁庵"，位于少林寺西北二里的小阜上，是少林寺建筑群的重要组成部分。初祖庵大殿是庵内的主体建筑，大殿面阔三间，进深三间，厦两头造绿琉璃剪边灰瓦顶，出檐深远，檐下分置柱头、补间及转角铺作。大殿立 16 根石柱，且采用"移柱造"扩展佛台前空间，手法十分灵活。石柱表面浮雕卷草、飞禽、天王、盘龙等图案，极为精美。大殿梁架为彻上明造，构架一目了然，极具结构美。初祖庵大殿是河南省现存最早的木构建筑之一，具有重要的历史、艺术和科学价值，是宋代木构建筑技术的重要例证。

2017 年到 2019 年，在原郑州市文化遗产研究院的委托下，由郑州大学对登封"天地之中"历史建筑群进行了为期三年的现状勘察及病害调查工作，并编写了《登封"天地之中"历史建筑群现状勘察、病害调查报告》。其中，2018 年 8 月，北京建工建筑设计研究院受委托承担了少林寺常住院、初祖庵大殿及塔林的现状勘察、病害调查任务，并于 2019 年 5 月完成《登封"天地之中"历史建筑群现状勘察、病害调查报告（三期）》❶。

本书是对《登封"天地之中"历史建筑群现状勘察、病害调查报告（三期）》内容的提炼、优化和补充。在 2019 年勘察报告的基础上，重新编辑本书的框架结构，优化和新增的内容包括：补充对建筑特征的介绍，梳理调查研究方法，优化病害的分类与等级评定标准，充实初祖庵大殿现状调查结论，扩充病害汇总与成因分析，扩充保护建议与措施，校核优化初祖庵大殿的病害调查表、CAD 勘测图纸，并补充相关历史资料。本书的主旨主要表现在以下几个方面：

其一，整理现阶段初祖庵大殿的勘察成果，作为初祖庵大殿阶段性状态的记录档案；

其二，探索适于初祖庵大殿的现状调查方法及程序，完善历史建筑监测体系的建设；

其三，通过调查，探明哪些部位应作为初祖庵大殿未来保护工作的重点内容；

其四，较系统地整理了多方面的文字及图纸，提供了初祖庵大殿较为全面的研究资料，可供后续研究者参考使用。

本书的体例安排为：

第 1 章为概述。首先介绍初祖庵大殿的区位条件与自然环境；其次梳理初祖庵大殿的历史沿革；然后从平面、大木、瓦石、装修及油饰彩画五个方面概括初祖庵大殿的建筑特征；最后总结初祖庵大殿的价值。

---

❶　内容为少林寺常住院、初祖庵大殿与塔林的现状勘察与病害调查。

第 2 章为现状调查与研究。首先介绍初祖庵大殿调查研究方法；其次介绍本次调查中依照相关规范建立的病害的分类与等级评定标准；之后呈现初祖庵大殿的病害调查结论；然后对大殿病害进行汇总及破坏因素分析；最后根据现状调查结果，提出总体保护思路、修缮措施建议及预防性保护措施建议。

第 3 章为初祖庵大殿病害调查汇总表，详细呈现大殿具体病害的位置、状况、原因及处理建议，并配图说明。

附录主要包括现状勘测图纸、点云图纸、相关检测报告及相关历史资料等。

由于初祖庵大殿为宋代建筑，本书古建筑相关名词主要依据宋《营造法式》。附录 C～附录 H 中，古建筑相关名词尊重分析报告原文。书中具体古建筑相关名词对照，详见附录 L，特此说明。

目　录

1 概述

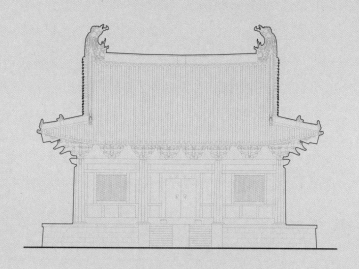

1.1 区位条件与自然环境

1.1.1 区位条件

初祖庵大殿是初祖庵内的主体建筑，位于少林寺建筑群的西北方，是"天地之中"历史建筑群八处十一项遗产中的一处，位于河南省登封市嵩山少室山下，距离市区约 13km。

1.1.2 自然环境

在气候特征上，初祖庵所在的嵩山地区属北温带大陆性季风气候，四季分明，年平均气温为 14.3℃，山下全年平均温度为 14.3℃，山上全年平均温度为 8.5℃。一年中 7 月最热，平均气温为 27.3℃；1 月最冷，平均气温为 0.2℃。年平均降水量为 640.9mm，山上年降雨量为 864mm❶。

在地质地貌上，嵩山的地质构造以褶皱为主，构造线方向近东西，与基底构造成正交叠加，岩龄古老，构造复杂，地层发育完整。嵩山地区地形多样，包括山地、丘陵、盆地、河谷小平原，总体呈低中山地貌❷。

1.2 历史沿革

1.2.1 格局演变

初祖庵始创于北魏孝文帝时期，后废毁。宋崇宁（1102—1106 年）至宣和（1119—1125 年）时复建，宣和七年（1125 年）在旧庵处建初祖庵大殿，修建成一座完整的小型寺院❸。金兴定四年（1220 年）重修，元代又重修，至明初已形成有山门、大殿、面壁亭、厨舍等诸多建筑的寺庵，到明代中期建成三重院落的寺院。后又多次遭毁且不断重修，但基本保持了历史格局原貌。今初祖庵南北长 82m、宽 38.5m，占地面积约 3000m²，沿中轴线依次有山门、大殿、千佛阁，千佛阁前两侧有东西对亭和厢房。初祖庵重要历史建筑清单和重要碑刻文物清单见表 1-1 和表 1-2。

初祖庵重要历史建筑清单❹ 表 1-1

文物名称	兴建时间	形制
大殿	北宋宣和七年（1125 年）	高 10.5m，长 15.34m，宽 14.8m，面积 227.3m²。面阔三间，进深三间，单檐九脊殿

❶ 数据来源为中国天气网。
❷ 登封市水务局. 登封水务志 [M]. 北京：解放军文艺出版社，2002：29-30.
❸ 任伟. 嵩山古建筑群 [M]. 郑州：河南人民出版社，2008.
❹ 郑州市嵩山历史建筑群申报世界文化遗产委员会办公室. 嵩山历史建筑群 [M]. 北京：科学出版社，2008.

续表

文物名称	兴建时间	形制
面壁亭	明初	高 6m，长 5.7m，宽 5.7m，面积 32.9m²。四边形亭阁式建筑，亭内供奉达摩像
圣公圣母亭	清康熙四十四年（1705 年）	高 6m，长 5.7m，宽 5.7m，面积 32.9m²。四边形亭阁式建筑，亭内供奉达摩父母兄弟像，并有壁画多幅
千佛阁	清康熙十三年（1674 年）重建	高 8m，长 7.3m，宽 4.9m，面积 35.77m²。面阔三间，进深两间，硬山顶
达摩洞牌坊	明万历三十二年（1604 年）	两柱一楼式，庑殿顶。高 4m，两柱间距 2.2m

初祖庵重要碑刻文物清单❶　　　　　　　　　　表 1-2

文物名称	年代	材料	备注
重修初祖庵大殿千佛阁碑	清咸丰八年（1858 年）	石	在初祖庵，高 0.87m，宽 0.76m
重修千佛殿碑记	民国二年（1913 年）	石	在初祖庵，高 1.85m，宽 0.72m
重修初祖庵碑记	民国二十一年（1932 年）	石	在初祖庵，高 1.9m，宽 0.69m

1.2.2　维修历史

初祖庵大殿是庵内现存的时代最早的一座木构建筑。大殿西山墙宋大观元年铭记"达摩旧庵埋废日久……"说明宋大观元年（1107 年）以前，大殿就已残破不堪。又据大殿内槽当心间前槽东内柱上"大宋宣和七年"的题记及建筑本身现存部分结构特点来推断，重建大殿的年代，最早可上推到北宋宣和七年（1125 年）❷。

此后的历年重修记载，分列如下：

1. 金兴定四年（1220 年）重修

据《嵩书》卷二十一《重修面壁庵记》载："……今因少林主人志隆命其侍者海净问讯屏山，曰照了居士王知非暨刘菩萨并其徒储道人重修面壁庵，既已落成，请记其岁月。时大金兴定四年中元之前一日也……"。

2. 明成化年间重修

初祖庵大殿东山阶基陡板石有如下铭刻："偃师县仙君堡窑头居住发心人李贵室人郅氏施银二两……包砌台基北方一面……成化三年五月吉日立石"，明成化九年，释园忠撰《重修初祖殿记》："祖庵经历年久，四顾荒凉……成化九年祖殿疏漏，其公善化檀那命工重修，包砌台基、修□廊庑、厨库、云堂，悉以周备……"。

3. 明嘉靖三十八年（1559 年）重修

明嘉靖三十八年，罗洪先撰《重建初祖殿记》："……己未重建初祖殿于旧面壁处，槛栋壮坚、瓴甋泽好，仪序丹添，扉有损缺，凡八越月造成……"。

---

❶　郑州市嵩山历史建筑群申报世界文化遗产委员会办公室．嵩山历史建筑群［M］．北京：科学出版社，2008.

❷　依据为 1982 年河南登封少林寺初祖庵大殿修缮工程初步设计方案说明书。

4. 清康熙二十九年（1690年）重修

初祖庵大殿西山墙清康熙二十九年铭记"……朝山会首王永福等，率众朝岳进香，修醮于初祖庵，幸迁重修佛殿"。

5. 清咸丰六年（1856年）重修

《重修初祖庵大殿千佛阁并山门碑记》："动工于咸丰丙辰六年（1856年）工宣戊午八年（1858年）越三载而工告竣"。又在初祖庵东山面象眼上发现墨书题记："咸丰七年十月初八日行（兴）公（工）崇（重）修工人"。

6. 20世纪30年代重修

据《重修少林寺初祖庵大殿碑记》中所述，当时寺内建筑如大殿、千佛阁、东西厢、东西二亭等都已"日就倒塌"，于是重修。1930年9月开始，1931年5月完工，1932年又金装佛像。

7. 20世纪80年代重修

1982年至1985年，在国家文物局和省文物局的支持下，中国文化遗产研究院（原中国文物研究所）梁超工程师主持了初祖庵大殿的勘察设计，河南省文物建筑保护研究院（原河南省古代建筑保护研究所）对其进行了维修。

1.2.3 构件年代考证

北宋时期兴建的初祖庵大殿，虽经历代多次修葺，但主要构件仍为宋代原物❶。为了更好地评估建筑价值，确定调查重点，故对建筑构件进行年代考证❷，推测如下：

阶基：室内现存6.5cm×20.5cm×41cm的地面砖，规格与宋《营造法式》规定的大条砖尺寸十分接近，且现场考察没有后代大规模翻修痕迹，因此推测室内地面砖为宋代铺墁。阶基压阑石系宋代原物，阶基室外铺砖年代较室内为晚，具体不详。部分室内外地面铺砖、压阑石、散水、牙子石为20世纪80年代维修时补换。

石柱、石下碱、石佛台：系宋代原物。

檐墙：为20世纪80年代维修时用土坯重新垒砌。

板门、直棂窗、木板壁：为20世纪80年代维修时重新制作安装。

铺作：系宋代原物，部分构件后经历代抽换，20世纪80年代维修时亦有替换补配。

梁架：系宋代原物，部分构件后经历代抽换，20世纪80年代维修时亦有替换补配。

椽望：花架椽为20世纪80年代维修时用松木重新制作安装；飞子、大小连檐、燕颔版为20世纪80年代维修时用一等红松木重新制作安装。

屋面：现存吻、兽、瓦件种类较多，系各个时代修理时补配。其中，重唇板瓦为宋遗物，屋脊大吻为元初遗物。绿琉璃垂兽、细泥灰布筒板瓦、屋脊瓦条为20世纪80年代维

---

❶ 任伟. 嵩山古建筑群［M］. 郑州：河南人民出版社，2008.
❷ 依据为1982年河南登封少林寺初祖庵大殿修缮工程初步设计方案说明书。

修时重新烧制安装。博风板、悬鱼为 20 世纪 80 年代维修时用红松重新制作安装。

断白：内檐彩画为历代遗留。外檐铺作彩画为 20 世纪 80 年代维修时仿铺作后尾彩画重新制作，颜色做旧。门、窗、博风、悬鱼、椽飞等油饰为 20 世纪 80 年代维修时重新涂刷。

1.3 建筑特征

1.3.1 平面

初祖庵院落依山势而建，后高前低，坐落方向为正西北，长 82m，宽 38.5m，占地面积约 3000m²。沿中轴线依次为山门、初祖庵大殿和千佛阁。千佛阁前东西两侧分别为圣公圣母亭、面壁亭和厢房。庵院内还立有碑石四十九通，其中，宋碑三通、金碑两通、明碑二十通、清碑二十二通、民国碑两通（图 1-1）。

大殿坐于阶基之上，面阔三间，进深六椽，平面近正方形。当心间面阔 4.2m，次间面阔 3.47m，通面阔 11.14m，通进深 11.70m，其中当心间后内柱向后移动 124cm，总面积 226m²。大殿内外皆用石八角柱，檐柱十二根，内柱四根。当心间后内柱之间设佛台一铺（图 1-2）。

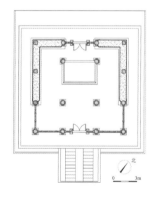

图 1-1 初祖庵院落鸟瞰图　　　　　　　　图 1-2 初祖庵大殿平面图

1.3.2 大木

1. 铺作

初祖庵大殿的铺作分为外檐铺作和内檐铺作。

外檐铺作为五铺作单抄单昂重栱计心造，分柱头铺作、补间铺作及转角铺作三种，其中：柱头铺作用圆栌斗，昂为插昂，琴面昂咀，后尾压在耍头底面，华头子后尾即为里出第二跳华栱，耍头与令栱相交，正中置齐心斗承托橑檐方。补间铺作施真昂，栌斗四角磨圆,后尾斜挑压在下平槫。转角铺作用方栌斗,令栱刻鸳鸯交首栱,角昂上用由昂(图1-3)。

(a) 柱头铺作　　　　　　　　(b) 补间铺作　　　　　　　　(c) 转角铺作

图 1-3　初祖庵大殿外檐铺作

前后檐当心间用补间铺作各两朵,其余补间铺作各置一朵。令栱位置略低于第一跳慢栱。单材耍头为蚂蚱头状,其上置齐心斗。散斗、齐心斗、交互斗的斗颛较深。铺作间垒砌栱眼壁。单材为18.5cm×11.5cm,栔高为7cm,足材为25.5cm×11.5cm。

内檐内柱柱头上各用铺作一朵,为五铺作双抄,栌斗为方形,四角凹入成梅花瓣形,二跳华栱前端砍成异形楷头(图1-4)。

图 1-4　初祖庵大殿内檐铺作

2. 梁架

初祖庵大殿梁架(图1-5)与《营造法式》所绘的"六架椽屋前乳栿劄牵用四柱"的图样(图1-6)相似,梁架为抬梁式,全部梁架由周围檐柱及四根内柱上的铺作承托。

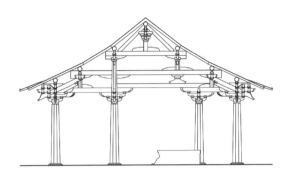
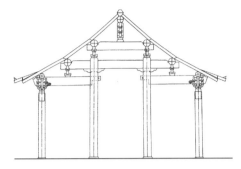

图 1-5　初祖庵大殿梁架图　　　　　　图 1-6　《营造法式》六架椽屋
前乳栿劄牵用四柱图样

当心间两缝梁架用梁栿三层，由于后内柱向后移动，导致大殿后檐乳栿长度缩短为一椽半，前后两内柱间的大梁长为两椽半❶，二者在后内柱柱头铺作上叠压相交，这是初祖庵梁架体系中较为特殊的"移柱造"特点。在前内柱柱头铺作上接一根侏儒柱支在平梁前端，梁架中前檐乳栿、劄牵❷和上下三椽栿均插入侏儒柱中，平梁上置叉手❸和蜀柱支撑脊槫（图 1-7 左）。

两山面梁架，各于柱头铺作上施丁栿，前端压在要头上，前后丁栿后尾分别搭在前檐内柱铺作及下层三椽栿上。丁栿上立蜀柱，前后蜀柱间置由额以承托山面的檐椽（图 1-7 右）。

图 1-7　初祖庵大殿室内木构架

3. 木基层

大殿的屋面中前檐檐椽为椽当坐中，后檐檐椽为椽子坐中，山面檐椽为椽子坐中。采用横版栈铺设（沿面阔方向，与椽子方向垂直）。檐口由里口木、版栈、檐椽、飞子、大连檐和燕颔版等组成（图 1-8）。

---

❶　习惯上称之为三椽栿。
❷　长一椽的梁。
❸　从平梁的梁头至脊槫间斜置的木件，是用来扶持脊槫的斜撑。明清被拆掉了，改用蜀柱。

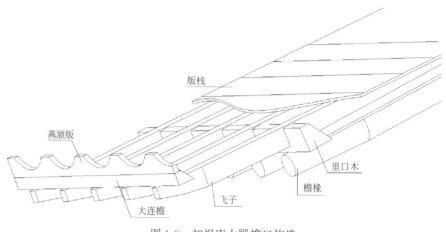

图 1-8　初祖庵大殿檐口构造

1.3.3　瓦石

1. 阶基

初祖庵大殿建在石砌阶基之上，阶基有明显斜收。阶基长 15.34m，宽 14.8m，高 1.28m。压阑、前檐陛板、散水等均为净面条石砌造，压阑石每边自陛板石向外挑出 7.5～10cm，系宋代遗物。阶基地面为条砖铺墁，排列形式为席纹。

当心间前檐阶基下砌出条石踏道，踏道分东阶与西阶，中间的御路石为素面（图 1-9），既有双阶之感，又适合于面阔三间小殿之布局。踏道两侧的壁面砌有三角形象眼（图 1-10），由条石砌筑，采用三层内凹的形式，为河南仅存之实例，是我国宋代造殿之制中罕见的实物例证。室内地面以 6.5cm×20.5cm×41cm 的大条砖满铺席纹图案，地砖规格与宋《营造法式》规定的大条砖尺寸十分接近。佛台前做"方胜"❶ 一方。阶基下部，铺散水石及牙子石。

图 1-9　初祖庵大殿踏道

图 1-10　踏道象眼

---

❶ 指形状像由两个菱形部分重叠相连而成的一种纹样。

2. 石柱

大殿十六根石柱，均为八棱柱，柱体自然斜收，外观平直，柱头做覆盆卷杀。其中露明的檐柱自然斜收 60mm，柱头卷杀 50mm；角柱自然斜收 60mm，柱头卷杀 90mm；内柱自然斜收 100mm，柱头卷杀 110mm。在立面处理上，前、后檐及山面，自当心间至角柱，柱子依次升起，角柱比檐柱高 70mm，同时均有侧脚出现，正侧两面均为 90mm。大殿柱高见表 1-3。

位于土墙内的后檐两角柱及两山后平柱为小八角形（方形抹四角），其余露明的柱子截面均为等边八角形，且表面均有精致的雕刻（图 1-11）。其中檐柱表面所雕卷草式荷蕖内，杂饰人物、飞禽、伎乐，精美异常；内柱之表，采用"压地隐起"❶之手法，各浮雕神王一躯，上刻盘龙及飞仙，健劲古朴，为宋代石刻中不易多得的精品（图 1-12）。

四根内柱、前檐两根角柱及西平柱皆用覆盆式石柱础，唯前檐东平柱柱础有柱礩。

初祖庵大殿柱高 表 1-3

石柱	柱高	柱础高	柱总高
平柱	3.41m	0.12m	3.53m
角柱	3.48m	0.12m	3.6m

图 1-11 初祖庵大殿石内柱

图 1-12 石柱雕刻细部

3. 墙体

两山当心间、两山后次间及后檐两次间为土坯垒砌的檐墙，墙体上身嵌有四面石刻，其中北墙一面，西墙两面，东墙一面。檐墙下为石制下碱，石下碱的内外表面镌刻秀逸的水浪纹，内间鱼、龙、狮、兽、人物等。

---

❶ 古建筑中的一种石雕加工手法，宋代《营造法式》中有此称法，其特征有三：（1）凹下去的底子（即"地"）大体在一个平面上，凸出的雕饰高出石面约 1～2cm；（2）凸出雕饰各部位的高点几乎在同一平面，当雕饰面有边框时，各部位高点不超出边框高度；（3）雕刻各部位相互重叠穿插，有一定的深度感。

4. 佛台

佛台为石质的须弥座，长宽高为 4200mm×2575mm×790mm，东、南、西三面束腰部分皆有雕饰，北面雕通幅山水画。

5. 屋面

初祖庵大殿为厦两头造（即清式歇山顶），瓦面为绿琉璃剪边，细泥灰布筒板瓦心（图 1-13）。前后坡勾头上均有钉帽一行，上至第十块筒瓦有腰钉帽一行，再上十块筒瓦上亦有腰钉帽一行。勾头为四瓣花纹，滴水为宋代重唇板瓦。

屋面各脊用细泥灰布瓦条垒砌，扣脊瓦用绿琉璃筒瓦。屋面正脊两端有元初琉璃大吻，垂脊端有垂兽，角脊端有小兽、嫔伽仙人（图 1-14）。

图 1-13　初祖庵大殿厦两头造　　　　　　　　图 1-14　屋面瓦件

1.3.4　装修

室内装修方面，大殿殿内梁架为彻上明造，不施天花。多数梁栿系自然材稍事加工而成，纵横交错极具结构之美，对室内空间起到很好的结构装饰美化作用。

门窗装修方面，大殿前后檐当心间均设板门，板门上方设四朵圆形门簪。前檐两次间各设直棂窗。两山前次间各设木板壁。木质门窗装修样式简洁，风格古朴。

1.3.5　油饰彩画

油饰方面，大殿檐墙表面做麻刀灰罩面，并刷土红色浆；板门、直棂窗、木板壁、博风、悬鱼、飞子等木构件表面均做土红色油饰（图 1-15）。

彩画方面，初祖庵大殿的彩画包括内檐彩画、外檐彩画。内檐彩画施于铺作、栿、柱身等部位，形式多样，风格以旋子彩画为主；外檐彩画施于外檐铺作等构件表面。

大殿内东、北、西三壁绘有彩色壁画，内容为自初祖达摩以下三十六位禅宗祖师画像。现存二十三幅，绘有二十九位祖师。每幅画像高 1.8m、宽 1.0m，画风古拙质朴（图 1-16）。

图 1-15 初祖庵大殿直棂窗 　　　　　　　图 1-16 初祖庵大殿室内壁画

1.4 遗产价值

1.4.1 历史价值

初祖庵大殿建于宋徽宗宣和七年（1125 年），虽后历代多次修葺，但主要构件仍为宋代原物，是中原地区仅存的北宋木构殿堂精品，为宋代历史建筑的典型代表。据考证，现存室内地面席纹铺砖、铺作、梁架虽有部分材料为后代修葺替换，但大部分均为宋代遗存，石下碱、石质佛台、石柱均为宋代遗存，屋脊两个大吻则为元代遗物。大殿踏道两侧壁面砌筑的三角形条石象眼，呈三层内凹的形式，保存了我国宋代造殿之制中罕见的实物例证。大殿室内的现存壁画，绘制于清代，内容为自初祖达摩以下三十六位禅宗祖师的画像，展示了历史上禅宗祖师传法的场景，对于禅宗史的研究具有史料价值。

1.4.2 艺术价值

初祖庵大殿屋顶出檐深远，檐下铺作硕大疏朗，用材敦厚，反映出宋代木构建筑优美的造型和精致的工艺。大殿梁架为彻上明造，梁架层层叠置、纵横交错、简洁规整，显示出传统建筑的结构之韵律美。

大殿石雕，包括佛台雕刻、石柱雕刻及石下碱雕刻，形态生动、手法洗练，显示了宋代石雕技艺相当高的艺术水平。大殿内、外十二根石柱上共雕刻有几十副画作，每幅画作的花叶安排、人物穿插都无一雷同，非常生动。如在牡丹花、海石榴、莲荷花之间时隐时现的化生童子，其姿态各不相同，有的双手抓着枝干上攀，有的骑在枝干上四望，有的用双臂各缚一枝，有的手脚并用成四肢合抱状，有的端坐莲芯，个个生动、天真烂漫。除石柱雕刻外，室内外的石下碱雕刻手法也十分得体，其雕饰不似柱上的那么突起，而以大片的水浪纹为主，中间隐现动物、人物，线条概括简练。佛台束腰雕饰中的双狮滚绣球、山水人物画等亦做得轻松自如。

室内壁画系彩绘，画工精细，人物形象生动，画风古拙质朴，亦具有较高的艺术

价值。

1.4.3 科学价值

初祖庵大殿的铺作、梁架与《营造法式》的制度相符合，是《营造法式》的重要物证，同时也是宋代建筑技术的重要例证，有很多方面甚至是现存孤例。

如《营造法式》有"如柱头用圆斗，补间铺作用讹角斗"的规定，而初祖庵正是见证此项规定的唯一现存实例。初祖庵大殿的铺作分布也与《营造法式》中"当心间用补间铺作两朵，次间及梢间各用一朵"的要求相符。在构架做法和构架尺寸上，初祖庵大殿也有诸多与《营造法式》规定相同之处，如：丁栿后尾搭在三椽栿或内柱上的做法、柱侧脚升起做法等。

2　现状调查与研究

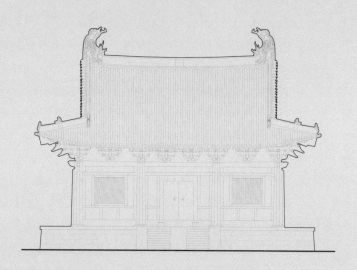

2.1 调查研究方法

2.1.1 工作方法

初祖庵大殿现状调查工作的实施路径及研究方法为：

第一步，通过文献调研、走访调研等方法，认知文物，包括初祖庵大殿的区位条件与自然环境、历史沿革、建筑特征及遗产价值。

第二步，通过三维激光扫描、无人机倾斜摄影及手工测量的方法，记录初祖庵大殿各构成部位的存续现状。

第三步，对初祖庵大殿进行病害调查，从整体到细微，分别进行结构、构造和材料层面的调查。其中，结构层面，采用目视检查及有限元模型分析的方法，对地基基础及木构架进行结构安全分析；构造层面，采用目视检查及材质分析的方法，对阶基、石柱、墙体、门窗、铺作、梁架及屋面进行构造病害调查；材料层面，采用目视检查及材质分析的方法，对青砖、石材、木材、土坯、瓦件、灰浆及油饰彩画进行材料病害调查。

第四步，通过文献调研、推演分析的方法，根据相关规范及初祖庵大殿的个体特征情况，对病害进行分类并制定病害等级评定标准，分别对初祖庵大殿的结构病害、构造病害及材料病害进行分类及程度评定。

第五步，通过归纳分析、类比分析的方法，对病害的成因进行研究判定。

第六步，根据初祖庵大殿的病害情况，从宏观层面提出总体保护思路，从具体层面提出修缮措施建议及预防性保护建议。

初祖庵大殿现状调查技术路线如图 2-1 所示。

2.1.2 工作内容

在调查研究工作中，遇到的主要困难在于：

第一，在存续状况记录部分，若采用传统手测方法，在采集高处部位的数据时，对工作人员的安全及文物建筑安全可能存在危害。若采用全站仪等单一技术进行扫描测量，很难高效全面地获得所有数据。若结合使用多种测绘技术，则对数据的整合及标准的统一提出较高的挑战。

第二，在病害调查部分，若采用传统的目视检查、经验判断的方式，结论主观性较强，尤其是对结构安全、材质内部情况的调查缺乏客观依据。

第三，在病害等级判定部分，目前还没有现行规范可作为初祖庵大殿所有病害的直接判定依据，病害等级的判断标准仍需要探讨制定。

图 2-1 初祖庵大殿现状调查技术路线图

为了解决以上难题，本次调查采用了多专业协作的方式，由郑州大学建筑学院吕红医教授团队、郑州大学土木工程学院童丽萍教授团队、北京工业大学建筑与城市规划学院戴俭教授团队及南京林业大学材料科学与工程学院阚泽利教授团队协作配合，共同完成初祖庵大殿的现状调查与研究工作。具体合作情况如下：

针对难题一，由北京工业大学建筑与城市规划学院戴俭教授团队主导，郑州大学建筑学院吕红医教授团队配合，完成存续状况记录部分的三维数据采集工作。结合使用三维激光扫描技术、无人机倾斜摄影测量技术，对初祖庵大殿进行三维实景数据的获取，解决了高大构件的测量难题。在测量过程中，两方团队结合各自的技术优势与古建专业优势，探讨了具体的仪器布点方案，提高了测绘的效率。另外，由郑州大学建筑学院团队完成重点部位的手工测量及照片拍摄记录工作，与三维数据扫描结果进行相互验证，保障数据的准确。

针对难题二，由南京林业大学材料科学与工程学院阚泽利教授团队负责大殿的材质状况分析。对肉眼无法判定的铺作、阑额、门窗等构件的含水率、密实度、内部病害、基本力学性能等材质状况进行分析与研究，提供定量化数据，为病害调查提供客观依据。

由郑州大学土木工程学院童丽萍教授团队，主导完成大殿结构层面的病害调查及病害等级评定工作。具体采用有限元模拟分析技术，对结构框架进行模拟计算分析。由于古建筑采用自然材料，材料同一性无法保证，因此只能尽可能地控制结果偏差，提供一个数值区间作为判断依据。另外，由吕红医教授团队提供结构构件的三维数据分析及专家经验判定，由阚泽利教授团队提供材质状况数据，将多方面的数据结合，最终确定大殿的结构病害等级，提高了结论的准确性。

针对难题三，由郑州大学建筑学院吕红医教授团队采用传统的目视检查方法，并结合南京林业大学材料科学与工程学院阚泽利教授团队的材质分析数据，完成大殿构造及材料层面的病害调查及病害等级评定工作，并对病害成因进行初步判断，提出保护措施建议。

由于多专业团队的合作，得以对初祖庵大殿进行了全面、详实、客观的现状调查与研究，弥补了常规调查中病害信息呈现不全、结论较为主观的不足，起到了很好的示范作用。

2.1.3　技术方法

对古建筑进行病害调查时，传统的手工测量和目视检查方法有精度不高、登高不便、对建筑可能造成损害等缺点。随着时代发展和科技进步，出现了一些新的调查分析技术。在本次初祖庵大殿现状调查中，采用的具体技术方法如下：

1. 精细测绘技术

1）三维激光扫描

三维激光扫描仪相当于一个高速旋转的全站仪系统，扫描工作首先按照预先设定的步进距离步进扫描，步进的同时利用脉冲式或相位式测距方式测距，然后利用接收到的回光强度给每一个扫描"点"赋予灰度属性。另外，扫描仪内置的 CCD 相机，可以同时采集扫描对象的颜色信息，然后得到"点"的真实色彩属性。最后将所有携带灰度属性和色彩属性的点集合，形成建筑的三维点云模型。

本次调查使用了 Focus S70 三维激光扫描仪，对初祖庵大殿进行全格局扫描。共布置 110 个站点，站位的布置分为三种：（1）架设在特定位置，用于扫描大殿的檐下、室内梁架以及屋面❶（图 2-2）；（2）架设在立面墙体附近，用于扫描大殿的四个立面墙体及檐口部位；（3）架设在院落内，用于扫描大殿的阶基、周边院落环境，并且可用于扫描补充屋面数据（图 2-3）。

站点采集位置说明：● 红色站点主要采集檐下和檩条数据
● 蓝色站点主要采集檐口和墙体数据
● 黑色站点主要采集屋顶和脊兽数据

图 2-2 屋顶数据扫描工作图　　　　　　　　图 2-3 主要站位布置图

最终，将站点扫描数据在 SCENE 软件中拼接，生成初祖庵大殿的三维点云模型。经过格式转换后，将其导入 Revit 软件中。一方面，可用该三维点云模型输出点云正射图，然后导入 AutoCAD 软件，在其基础上，结合手工测量数据，制作初祖庵大殿的测绘图纸。另一方面，由于这份三维点云数据可长久保存，并且其精确度可达毫米级，因此可作为日后建筑状况对比的重要参照。

2）无人机倾斜摄影

本次调查使用了精灵 4RTK 无人机进行航飞，以人眼达不到的第三视角，分别从垂直方向以及东、西、南、北四个倾斜方向进行不同角度的影像采集（图 2-4）。

一方面，对大殿屋面进行针对性抵近飞行摄影，飞行高度控制在 5m 以内，获得高精度的屋面影像数据，因此不必攀爬屋面，便可对屋面状况进行调查，避免对建筑造成破坏。另一方面，对整个初祖庵及其周边环境进行了大范围的倾斜摄影测量，为保证数据的精度，将影像重合率设为 80％。为满足数据分辨率的要求，在考虑初祖庵复杂地形的情况下，将无人机飞行高度控制在 50m 左右的安全距离。然后将采集到的照片导入大疆智图软件，根据空间坐标信息进行空三计算处理，生成点云网格，最终生成有纹理的初祖庵大殿及其周边环境的三维实景模型。该模型可用于直观、全面地观

---

❶ 其中借助了摄影摇臂对屋顶数据进行采集。

察初祖庵大殿及其周边环境的状况。

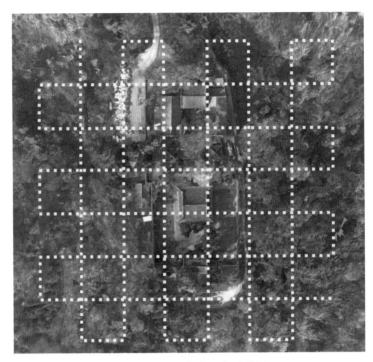

图 2-4　无人机航拍飞行路线图

2. 结构安全分析技术

在相关文献及实地调研的基础上，以初祖庵大殿为研究对象，采用有限元模型分析技术，利用有限元软件 ANSYS❶ 建立初祖庵大殿木构架整体有限元模型。通过对其进行正常使用条件下的静力分析，得到了木构架的受力变形规律；通过模态分析，获得了结构的自振振型、频率和周期等动力特性参数；根据木构架的动力特性及相关规范选取了 El-Centro 波、TAR 波和兰州人工波三条地震波，将调幅后的地震波输入木构架有限元模型进行时程分析，得到了其在不同水准地震和不同地震波作用下的位移响应和加速度响应规律。

3. 材质状况分析技术

为了解初祖庵大殿木构件的现状情况，对初祖庵大殿的铺作、阑额、门框等部位的木材料进行材质分析，探查木材内部糟朽、空洞、裂缝、含水率、强度等状况及性能，用到的具体分析技术如下：

1）超声波无损检测

超声波无损检测技术可在不破坏木构件的前提下，对在役木构件的力学性能和内部病害进行有效评估。其工作原理主要是通过超声波在木材内部进行传播，对在木材介质中的

---

❶ ANSYS 有限元软件是一个多用途的有限元法计算机设计程序，可以用来求解结构、流体、电力、电磁场及碰撞等问题。

反射、透射和散射波进行研究，根据超声波信号的变化对木材的物理力学性能和病害进行检测和评价。

本次采用 MC-6310 非金属超声探伤仪，调查初祖庵大殿外檐铺作及阑额的受损程度、构件用料新旧情况等，测试指标包括各测点的声速、动弹性模量、密实度等，以此判断测点处是否有病害损伤。

2）含水率检测

木材含水率对木材的强度和变形等方面都有十分显著的影响，因此对初祖庵大殿木构架进行含水率检测，是评价初祖庵大殿木构架材质状况的重要方面。

本次调查主要使用接触式木材水分仪（型号：KT-508）对初祖庵大殿铺作、阑额、门窗构件的内外侧表面进行含水率测量（图 2-5、图 2-6）。

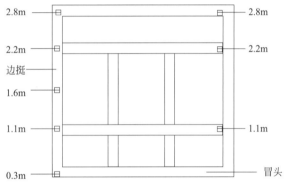

图 2-5　门框含水率测量　　　　　　图 2-6　含水率测点布置图

3）力学性质检测

木材的力学性质是指木材在外力作用下，在变形和破坏方面所表现出来的性质。

由于缺乏科学系统的保护与修复机制，初祖庵大殿历次修缮中替换下来的老料，完好保存的数量极为有限。因此本次调查中选取登封市城隍庙❶修缮中替换下来的老料进行力学性质检测，测试项目包括：抗弯弹性模量、抗弯强度测定、顺纹抗压强度测定、横纹抗压强度测定及横纹抗压弹性模量等，测定方法均参考国家标准。

2.2　病害的分类与等级评定标准

本次针对初祖庵大殿的调查，探讨的病害类型主要参考《古建筑木结构维护与加固技术标准》GB/T 50165—2020、《文物保护工程设计文件编制深度要求（试行）》、《近现代文物建筑保护工程设计文件编制规范》WW/T 0078—2017、《近现代历史建筑结构安全性

---

❶　与初祖庵大殿地处同一地区，其建筑构造、木构选料等具有一定的一致性。

评估导则》WW/T 0048—2014、《历史风貌建筑安全性鉴定规程》DB12/T 571—2015、《建筑地基基础设计规范》GB 50007—2011、《建筑变形测量规范》JGJ 8—2016、《文物建筑维修基本材料 木材》WW/T 0051—2014、《石质文物保护工程勘察规范》WW/T 0063—2015、《可移动文物病害评估技术规程 石质文物》WW/T 0062—2014、《文物建筑维修基本材料 石材》WW/T 0052—2014、《可移动文物病害评估技术规程 陶质文物》WW/T 0056—2014、《清代官式建筑修缮材料 琉璃瓦》WW/T 0073—2017、《文物建筑维修基本材料 青瓦》WW/T 0050—2014、《古建筑彩画保护修复技术要求》WW/T 0037—2012、《古代建筑彩画病害与图示》WW/T 0030—2010、《古代壁画现状调查规范》WW/T 0006—2007 等。

本次调查，拟将有关古建筑材料（木、石、砖、瓦、灰浆、油饰彩画）所有病害类型进行分类，结合初祖庵大殿的具体情况，筛选符合木结构文物建筑病害类型，将拟定的建筑病害划分为结构病害、构造病害和材料病害三个层级。参考相关规范中关于古建筑病害鉴定的具体内容和操作方法，结合具体各类型的劣化病害程度进行综合权衡，制作病害等级鉴定标准，最终从整体结构安全或材料性能方面综合确定建筑各病害等级。

2.2.1　病害层次划分

依据古建筑病害的影响程度，将病害类型划分为结构病害、构造病害和材料病害。

1. 结构病害分类

初祖庵大殿结构病害主要包括地基基础不均匀沉降、木结构整体倾斜、木结构局部倾斜、木构架间连系减弱、梁柱节点的连接减弱、梁架间榫卯的连接减弱等直接影响建筑安全的病害（表 2-1）。

建筑结构病害分类　　　　　　　　　　　　　　　　　　　　　　表 2-1

病害类型	结构部位	病害名称	术语或解释
结构病害	地基与基础	不均匀沉降	同一结构体中,相邻的两个基础沉降量产生差值
	木构架	木结构整体倾斜	建筑木结构产生的整体倾斜、偏移的现象
		木结构局部倾斜	建筑木结构产生的局部倾斜、偏移的现象
		木构架间连系减弱	纵向枋、方及其他连系构件连接的情况
		梁柱节点的连接减弱	建筑梁架与石柱接触位置的连接情况
		梁架间榫卯的连接减弱	建筑梁架内部的枋、方、槫等木构件榫卯连接的情况

2. 构造病害分类

初祖庵大殿建筑构造分为阶基、墙体、门窗、石柱、铺作、梁架、屋面构造等。构造病害指影响建筑构造完整或由不同材料（或多个、多种材料）间共同出现的病害

（表 2-2）。

建筑构造病害分类

表 2-2

病害类型	构造部位	病害名称	术语或解释
构造病害	阶基	阶基鼓胀	阶基表面局部突起、鼓起的现象
		阶基裂缝	阶基表面呈现竖向、横向或斜向开裂的现象
		散水排水不畅	散水功能缺失或雨水无法正常排出的现象
	墙体	墙体倾斜或侧向位移	墙体上部位置向内或向外位移，与竖直方向产生倾斜角度的现象
		墙体下沉	墙体整体或局部因地基沉降或自身构造损害而发生下沉的现象
		墙面鼓胀	墙体表面局部鼓起的现象
		墙体受潮	墙体内部或表面含水率较高，明显可见水渍的现象
		墙体风化酥碱	墙体材料经长时间的风吹、雨淋、日晒等自然气候影响，发生物理、化学等物质分解、生成的现象
		墙体破损	墙体表面局部破裂损坏的现象
		墙面裂缝	墙体表面有竖向、横向或斜向开裂的现象
	门窗	构件变形	整体或单个木构件变形、弯曲、折断的现象
		构件脱榫	单个构件连接节点损坏、构件脱离的现象
		构件破损开裂	木构件表面损坏或干缩形成裂缝的现象
		构件缺失	单个或多个木构件缺失，门窗构造不完整的现象
	石柱	柱础沉陷	柱础受上部荷载或地基基础沉降向下位移的现象
		石柱倾斜	柱头向内或向外产生位移，与竖直方向产生倾斜角度的现象
		柱脚错位	柱脚发生位移的现象
		柱脚与柱础抵承状况	柱脚与柱础抵承面积减小的情况
	铺作	整朵铺作变形、扭闪	整朵铺作产生的整体倾斜、变形或扭闪的现象
		构件贴合不紧	铺作木构叠压处变形，产生中空或缝隙的现象
		拱翘折断或小斗脱落	铺作拱翘折断、小斗构件位移脱落的现象
		大斗偏斜或移位	铺作大斗构件偏斜、移位的现象
		构件破损和劈裂	构件表面产生干缩或受压形成裂纹的现象
	梁架	弯曲变形	栿、方、槫等木构件弯曲、变形的现象
		端部劈裂	栿、方、槫等木构件端部产生干缩裂缝的现象
		木构脱榫	栿、方、槫等木构榫卯脱离的现象
	屋面	木基层下沉	檐口椽头下沉的现象
		木基层断裂	版栈、椽子、连檐腐朽断裂的现象
		木基层受潮	木基层受雨水侵蚀，湿度较高的现象

3. 材料病害分类

材料病害主要发生在单一建筑材料层面，且不影响建筑结构、构造安全。初祖庵大殿常见材料包括青砖、石材、土坯、木材、瓦件、灰浆、油饰彩画等；具体材料病害有断裂、缺失、

风化、脱落、植物滋生、石瑕、腐朽等（表2-3）。

建筑材料病害分类　　　　　　　　　　　　　　　　　　　　表 2-3

病害类型	材料名称	病害名称	术语或解释
材料病害	青砖	缺失	青砖散失、缺失的现象
		断裂或碎裂	青砖裂开成两块或两块以上的现象
		风化	青砖经长时间的风吹、雨淋、日晒等自然气候影响,发生物理、化学等物质分解、生成的现象
	石材	断裂	石材裂开两块或两块以上的现象
		层状剥落	石材表面产生层状脱落的现象
		缺棱掉角	石材棱边或角缺损的现象
		结垢	石材表面因老化产物、积尘、空气中的其他成分等作用形成混合垢层的现象
		石瑕	由原生、原次生形成污染石材的异物的现象,异物多为不规则的含石英成分物质
		泛霜	石材表面析盐的现象
	土坯	断裂或碎裂	土坯裂开两块或两块以上的现象
		风化	土坯经长时间的风吹、雨淋、日晒等自然气候影响,发生物理、化学等物质分解、生成的现象
	木材	腐朽	木材长时期遭受氧化、侵蚀等而导致腐烂的现象
		老化	木材受风、雨水、日晒等影响,自身性能降低的现象
		裂纹	木材干缩表面形成裂缝的现象
		虫蛀	白蚁活动,木材表面产生蛀洞的现象
		动物损害	因动物活动造成木材损害的现象
	瓦件	结垢	瓦件表面因老化产物、积尘、空气中的其他成分等作用形成混合垢层的现象
		断裂或碎裂	瓦件裂开成两块或两块以上的现象
		松动或缺失	屋面受雨水淋漓或植物根系影响,瓦件产生松动、位移或缺失的现象
	灰浆	风化或流失	灰浆受风、雨水、紫外线等影响,材料灰浆老化、性能降低的现象
		抹灰空鼓	抹灰层与墙体分离的现象
		植物损害	植物滋生造成灰浆损害的现象
	油饰彩画	龟裂	油饰彩画表面发生微小网状开裂的现象
		起甲	底色层、颜料层或表面层发生龟裂,进而呈鳞状卷翘的现象
		脱落	颜料层脱离底色层或地仗层的现象
		变色	表面颜料层饱和度逐渐降低的现象
		烟熏	油饰彩画表面有烟火或香火熏污痕迹的现象

2.2.2 病害程度的划分与评定

本评定标准仅用于初祖庵大殿现状病害等级鉴定。评定标准体系主要分两种：第一种鉴定方式为结合现行规范或技术指标，将未构成残损点的病害分为"A、B、C"或"a、b、c"三个等级，构成残损点的病害直接属于"D"或"d"等级。第二种鉴定方式，将各病害类型按病害程度由浅至深分为"A、B、C、D"或"a、b、c、d"四个等级。鉴定标准保证指标最大程度量化，表达方式统一、清晰、完整。标准制定的原则思路为：

（1）根据初祖庵大殿地基基础或木结构常出现的结构病害：地基与基础不均匀沉降、木结构整体倾斜、木结构局部倾斜、木构架间连系减弱、梁柱节点的连接减弱、梁架间榫卯的连接减弱 6 项结构病害类型，参考《古建筑木结构维护与加固技术标准》GB/T 50165—2020 确定病害构成残损点的条件及评价内容，按评价内容将病害程度划分为"A、B、C、D"四个等级。具体结构病害等级评定标准表详见附录 I。

（2）将初祖庵大殿阶基、墙体、门窗、石柱、铺作、梁架、屋面构造已确定的 29 项病害类型，参考《古建筑木结构维护与加固技术标准》GB/T 50165—2020、《历史风貌建筑安全性鉴定规程》DB12/T 571—2015、《近现代历史建筑结构安全性评估导则》WW/T 0048—2014 确定病害构成残损点的条件及评价内容。按评价内容将病害程度划分为"a、b、c、d"四个等级，其中病害"d"等级为已构成构造残损点。具体构造病害等级评定标准表详见附录 I。

（3）初祖庵大殿建筑材料包括青砖、石材、土坯、木材、瓦件、灰浆、油饰彩画，不同材料病害类型共 27 项，参考《古建筑木结构维护与加固技术标准》GB/T 50165—2020、《近现代历史建筑结构安全性评估导则》WW/T 0048—2014、《古代建筑彩画病害与图示》WW/T 0030—2010、《可移动文物病害评估技术规程 石质文物》WW/T 0062—2014、《文物建筑维修基本材料 青砖》WW/T 0049—2014、《可移动文物病害评估技术规程 陶质文物》WW/T 0056—2014 确定病害构成残损点的条件及评价内容。按评价内容将病害程度划分为"a、b、c、d"四个等级。具体材料病害等级评定标准表详见附录 I。

2.2.3 结构安全等级评定标准

参考《古建筑木结构维护与加固技术标准》GB/T 50165—2020 古建筑木结构残损等级或安全性评级标准，根据调查项目的残损点评定调查项目等级，评估等级划分为"a'、b'、c'、d'"四个等级（表 2-4）。

古建筑木结构残损等级或安全性评级标准 表 2-4

等级划分	评定标准
a′	未见残损点,或原有残损已得到修复
b′	仅发现有轻度残损点或疑似残损点,但尚不影响安全
c′	有中度残损点,已影响该项目的安全
d′	有重度残损点,将危及该项目的安全

2.3 初祖庵大殿现状调查

根据初祖庵大殿现状调查将从结构、构造和材料三个层面进行;结构层面主要对地基与基础、木结构进行详细现状调查;构造层面主要对阶基、墙体、门窗、石柱、铺作、梁架、屋面等建筑构造进行现状调查;材料层面主要对青砖、石材、土坯、木材、瓦件、灰浆、油饰彩画材料进行现状调查。并根据存续现状,结合病害等级评定标准,评估各病害的等级。

2.3.1 结构调查

结构调查内容具体包括地基与基础不均匀沉降、木结构整体或局部倾斜、梁架间的连系、梁柱节点的连接、梁架间榫卯的连接等内容。一方面采用目视检查方法,对地基基础与木构架进行检查;另一方面采用有限元模型分析对木构架进行静力及多种地震情况下的受力表现分析,对可能引起结构病害的因素提前做出预判,并参考《古建筑木结构维护与加固技术标准》GB/T 50165—2020,对建筑结构病害进行评估。

1. 结构保存情况

1)地基与基础调查

经现状调查及历史资料查阅,初祖庵大殿建筑场地地基从未发生过沉降或沉降迹象。现状调查内容主要包括散水排水情况、阶基表面裂缝状态、上部结构稳定情况,现状调查结果均为正常,无明显沉降或沉降迹象。根据结构病害等级鉴定,地基与基础结构病害等级为 A 级。

结论:初祖庵大殿地基与基础历史上及现状未出现沉降或沉降迹象,地基与基础结构处于安全状态。

2)木结构调查

(1)木结构整体倾斜情况

现状木结构无整体倾斜现象,根据结构病害等级鉴定,结构病害等级为 A 级。

(2)木结构局部倾斜情况

经现状调查,初祖庵大殿木结构无局部倾斜现象;根据结构病害等级鉴定,结构病害等级为 A 级。

（3）木构架间连系减弱

经过现状调查梁架间的连系，仅存在局部构件连接处轻微松动，整体连接比较稳定，不存在影响建筑结构安全的问题。根据结构病害等级鉴定，结构病害等级为 B 级。

（4）梁柱节点的连接减弱

初祖庵大殿梁柱连接完好，且无连接不佳的情况，根据结构病害等级鉴定，结构病害等级为 A 级。

（5）梁架间榫卯的连接减弱

根据现场调查，梁架间榫卯连接基本完好，根据结构病害等级鉴定，结构病害等级为 B 级。

结论：初祖庵大殿木结构病害均未能构成残损点，无结构问题；现状病害较轻或不存在病害，但存在危害建筑安全的因素，如木构件连接节点轻微松动等情况，后期应注重木构架（包括部分构件）间连接节点的监测。

2. 木构架静力分析

采用有限元模拟分析方法，建立初祖庵大殿木构架有限元模型，对其进行静力作用下的分析，主要得到以下结论：

1）屋盖位移分析

由于后内柱采用"移柱造"做法，导致当心间后平槫和当心间后屋盖变形较大；且屋盖转角向外悬挑较大，竖向变形较大，是结构的薄弱部位。

分析：由图 2-7 可知，屋盖最外侧四个角点部位、当心间后平槫上部屋盖、当心间前平槫上部屋盖位移较大，分别为 13.63mm、9～10mm 和 4～5mm。

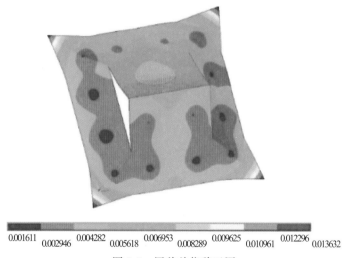

0.001611　0.002946　0.004282　0.005618　0.006953　0.008289　0.009625　0.010961　0.012296　0.013632

图 2-7　屋盖总位移云图

2）槫位移分析

槫最大位移出现在跨中，且以竖向位移为主，后上平槫跨中和端部弯矩较大，且其端部剪力较大，应着重检测其跨中和端部位置。

分析：由图 2-8 可知，后上平槫跨中位移最大，为 9.06mm，其次，后下平槫跨中位移较大，为 8.33mm。

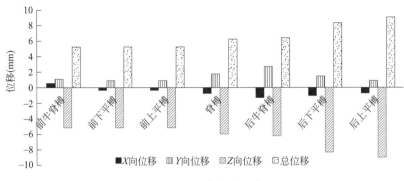

图 2-8　槫跨中位移图

3）槫内力分析

靠近后上平槫端部剪力较大，容易出现剪力集中现象，产生斜向裂缝，故后上平槫端部是木构架的一个薄弱部位。

分析：由图 2-9、图 2-10 可知，在竖向荷载作用下，后上平槫的 Y 向和 Z 向的剪力大致呈线性变化，且弯矩大致呈抛物线形，后上平槫跨中部和端部弯矩较大。

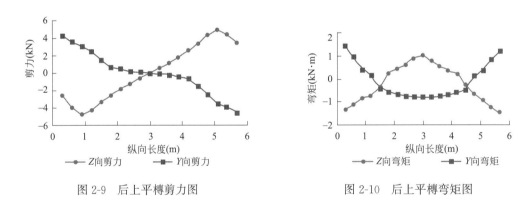

图 2-9　后上平槫剪力图　　　　　　图 2-10　后上平槫弯矩图

4）柱横截面最大应力分析

蜀柱截面小，受力大，易因木材强度较小引起承载力不足，直接影响结构的安全可靠性，是柱类构件中的薄弱构件。

分析：由图 2-11 可知，前后金蜀柱上下应力变化较为明显，柱底和柱顶应力值均较小，最大应力值均基本出现在蜀柱中部，应力值分别为 3.8MPa 和 3.3MPa。

结论：在静力作用下，初祖庵大殿当心间后平槫和当心间后屋盖变形较大；转角竖向变形较大，已出现倾斜现象。靠近后上平槫端部剪力较大；前后金蜀柱上下应力变化较为明显，有倾斜隐患❶。

---

❶ 刘超文. 初祖庵大殿结构及抗震性能分析［D］. 郑州：郑州大学，2018.

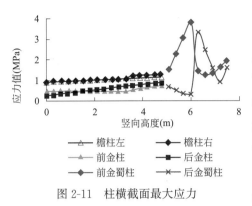

图 2-11　柱横截面最大应力

3. 木构架抗震性能分析

采用有限元模拟分析方法，建立初祖庵大殿木构架有限元模型，选取了 El-Centro 波、TAR 波和兰州人工波三条地震波，对其进行了模态分析和动力时程分析，得到了木构架的基本动力特性和不同水准地震作用下的动力响应情况，主要结论如下：

（1）前 3 阶振型无局部振动等不良振型，结构平面布置较为合理。

（2）木构架在不同水准纵向地震作用下，随着地震作用的增强，木构架的水平位移逐渐增大；随着梁架层高度的增加，各梁架层的水平位移逐渐增大，且梁架层间的水平位移差值较为稳定。

（3）在纵向多遇地震作用下，木构架整体水平位移较小，振动状态较稳定，结构基本处于安全状态；在纵向设防地震作用下，木构架整体水平位移较大，且容易发生构件局部破坏，应注重梁柱节点的监测和加固；在纵向罕遇地震作用下，梁架层位移响应较大，容易导致梁柱节点处的榫卯破坏和铺作歪闪的情况，甚至发生屋盖脱落现象。

（4）在横向多遇地震和设防地震作用下，木构架中前檐柱、前内柱、后内柱和后檐柱的振动较为一致，结构基本保持完好，但在罕遇地震作用下，各柱在地震过程中的振动不再具有一致性，结构遭到整体性破坏；各柱顶节点的加速度峰值随输入地震波加速度峰值的增大而增大，但在同一种地震波作用下，各柱顶节点的加速度时程曲线趋势基本一致。

（5）在同一水准的不同纵向地震波作用下，各梁架层的加速度峰值较为接近，且均随着梁架层高度的增高，各梁架层的加速度峰值逐渐减小；梁架整体的动力系数和各梁架层的动力系数均小于 1，表明榫卯和铺作结构对于木结构建筑的抗震性能方面起到了良好的耗能减震作用。

（6）在后期结构监测中，应对梁柱节点、榫卯节点、铺作节点等进行重点监测；同时在对结构的加固和保护中，应采取适当措施提高梁柱节点的刚度，改善木构架后侧刚度。

4. 结构调查结论

初祖庵大殿地基与基础、木构架不存在结构问题，但在一定的恶劣条件下，可能产生结构损坏，后期应该注重木构架局部倾斜及木构架间连接节点的监测，如转角下沉发展情况、木构件倾斜发展情况、木构架榫卯及梁柱节点连接情况等。

2.3.2　构造调查

对初祖庵大殿的阶基、墙体、门窗、石柱、铺作、梁架、屋面等部位，采用目视检查法及超声波无损检测、含水率检测、力学性质检测等材质分析方法，进行构造层面的病害调查与研究。

1. 阶基构造调查

对阶基构造病害进行全面详细的调查，尤其注重构造病害的残损状况及残损量的调查。结合《古建筑木结构维护与加固技术标准》GB/T 50165—2020，具体内容包括阶基鼓胀、阶基裂缝、散水排水不畅等内容。病害具体情况如下：

1）阶基鼓胀

根据现状调查，原有残损点已被修复，阶基表面现未发现明显鼓胀、沉陷情况，保存较好，按照阶基构造病害等级鉴定，构造病害主要为 a 级。

2）阶基裂缝

阶基整体保存较好，仅南立面陡板东、西两侧出现两条裂缝，裂缝形式为沿条石缝裂缝及断开条石的竖向裂缝；裂缝长约 0.8m，宽约 0.4cm。裂缝为非受力引起的裂缝，且宽度＞5mm。按照阶基构造病害等级鉴定，构造病害主要为 b 级。

3）散水排水不畅

建筑散水排水流畅，无明显病害；阶基散水无构造病害，且保存较好；按照阶基构造病害等级鉴定，构造病害主要为 a 级。

结论：初祖庵大殿阶基无明显鼓胀及散水排水不畅等构造病害，整体保存较好，仅南立面陡板东、西两侧出现两条裂缝，且裂缝为非受力引起的裂缝。

2. 墙体构造调查

初祖庵大殿墙体为围护结构，仅需承受自重。墙体构造调查内容，具体包括墙体倾斜或侧向位移、下沉、鼓胀、受潮、风化酥碱、破损、裂缝等。病害具体情况如下：

1）墙体倾斜或侧向位移

根据现状调查，墙体未发现明显倾斜或侧向位移情况。墙体无任何方向倾斜现象，整体保存较好，按照墙体构造病害等级鉴定，构造病害主要为 a 级。

2）墙体下沉

根据现状调查，场地地基稳定，无明显沉降现象，整体保存较好。按照墙体构造病害等级鉴定，构造病害主要为 a 级。

3）墙面鼓胀

根据现状调查，墙体稳定，无明显鼓胀现象，整体保存较好。按照墙体构造病害等级鉴定，构造病害主要为 a 级。

4）墙体受潮

根据现状调查，墙体稳定，无明显受潮现象，整体保存较好。按照墙体构造病害等级鉴定，构造病害主要为 a 级。

5）墙体风化酥碱

根据现状调查，墙体无风化酥碱现象，整体保存较好。按照墙体构造病害等级鉴定，构造病害主要为 a 级。

6）墙体破损

根据现状调查，东、北侧墙体表面局部存在抹灰脱落现象，可明显看到内部抹灰层。按照墙体构造病害等级鉴定，构造病害主要为 b 级。

7）墙面裂缝

根据现状调查，墙体表面未有明显裂缝，整体保存较好。按照墙体构造病害等级鉴定，构造病害主要为 a 级。

结论：初祖庵大殿墙体无明显倾斜或侧向位移、下沉、鼓胀、受潮、风化酥碱、裂缝现象，墙体总体保存较好，仅存在局部破损、抹灰脱落现象，破损位置主要分布在东、北侧墙面。

3. 门窗构造调查

初祖庵大殿门窗构造调查具体内容包括构件变形、脱榫、破损开裂、缺失等。病害具体情况如下：

1）构件变形

根据现状调查，门窗构件无侧弯变形现象，整体保存较好。按照门窗构造病害等级鉴定，构造病害主要为 a 级。

2）构件脱榫

根据现状调查，门窗构件无明显脱榫现象，门窗连系构件现状完好，整体保存较好。按照门窗构造病害等级鉴定，构造病害主要为 a 级。

3）构件破损开裂

根据现状调查，门窗构件无明显破损开裂现象，构件现状完好。按照门窗构造病害等级鉴定，构造病害主要为 a 级。

4）构件缺失

根据现状调查，门窗构件无明显缺失现象，门窗整体完整。按照门窗构造病害等级鉴定，构造病害主要为 a 级。

结论：初祖庵大殿已历经多次修缮，现有门窗无明显构件变形、脱榫、破损开裂、缺失。

4. 石柱构造调查

初祖庵大殿柱体采用石材，本次调查中重点关注其整体的稳定性。参考《古建筑木结构维护与加固技术标准》GB/T 50165—2020，对建筑的石柱进行详细调查，具体内容包括柱础沉陷、石柱倾斜、柱脚错位、柱脚与柱础抵承状况等内容。病害具体情况如下：

1）柱础沉陷

经现状调查，柱础无明显沉陷现象；柱脚与柱础连接完好，未发生沉陷。按石柱构造病害等级鉴定，构造病害主要为 a 级。

2）石柱倾斜

根据详细的石柱测绘与病害勘察分析[1]，初祖庵大殿当心间西侧后内柱 C′2、当心间东

---

[1] 完整勘察内容详见附录 H：石柱测绘及病害勘察分析。

侧后内柱 C′3、当心间西侧后檐柱 D2、当心间东侧后檐柱 D3 相比其他石柱倾斜角度较大，其中当心间东侧后檐柱 D3 石柱有明显横向隐裂造成的倾斜现象（图 2-12）。其他石柱整体倾斜幅度正常，倾斜幅度属自身斜收特点。按石柱构造病害等级鉴定，构造病害主要为 c 级。

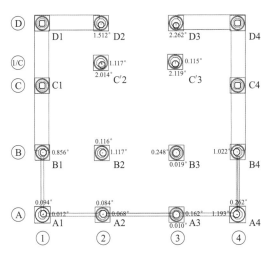

图 2-12 初祖庵大殿石柱平面分布图

3）柱脚错位

经现状调查，柱脚无明显错位现象；柱脚与柱础连接关系完好，柱脚与柱础相对位置正确，无偏移。按石柱构造病害等级鉴定，构造病害主要为 a 级。

4）柱脚与柱础抵承状况

经现状调查，柱脚与柱础无明显错位现象；柱脚与柱础抵承关系完好，按石柱构造病害等级鉴定，构造病害主要为 a 级。

结论：经现状调查，初祖庵大殿石柱整体保存一般，病害主要为当心间西侧后内柱、当心间东侧后内柱、当心间西侧后檐柱、当心间东侧后檐柱出现不同程度的轻微倾斜现象，其中当心间东侧后檐柱中部有横向隐裂痕迹，虽均未构成残损点，但柱子断裂影响建筑结构的安全稳定性。

5. 铺作构造调查

铺作作为初祖庵大殿重要的承重构造之一，受上部木构架及屋面重力影响，铺作构件易发生病害，故特针对铺作材质状况进行调查，调查中尤其注重考察构造的整体性能及单个构件的状况。结合《古建筑木结构维护与加固技术标准》GB/T 50165—2020 对建筑的铺作进行详细调查，具体内容包括整朵铺作变形、扭闪、构件贴合不紧、拱翘折断或小斗脱落、大斗偏斜或移位、构件破损和劈裂情况。病害具体情况如下：

1）整朵铺作变形、扭闪

根据现状调查及 "铺作材质状况勘察分析"❶，大殿四面铺作普遍存在整体轻微变形、

---

❶ 完整勘察内容详见附录 E：铺作材质状况勘察分析。

扭闪情况。整朵铺作性能保存较好，按照铺作构造病害等级鉴定，构造病害均为 b 级。

2）构件贴合不紧

根据"铺作材质状况勘察分析"，东面铺作栌斗与泥道栱之间存在缝隙，橑檐方和罗汉方与其下散斗咬合不紧。北面大部分后补修替换的散斗与橑檐方、罗汉方存在较大缝隙，没有完全咬合。东、北面铺作构件层存在贴合不紧的情况，具有大量问题。按照铺作构造病害等级鉴定，构造病害主要为 b 级。

3）栱翘折断或小斗脱落

根据"铺作材质状况勘察分析"，东面要头和昂有下倾趋势，部分昂存在拔榫的情况。北面要头与衬方头之间存在拔榫现象，要头上方与下方的斗被压裂甚至压断。南面、西面铺作的少量构件有拔榫情况，其中因转角铺作承重较大，被压断的构件较多。按照铺作构造病害等级鉴定，构造病害主要为 c 级。

4）大斗偏斜或移位

根据"铺作材质状况勘察分析"，东面铺作的少量构件有歪闪、倾斜现象。北面铺作要头与昂少量存在下倾和外倾情况。南面、西面铺作的大斗具有少量偏斜或移位情况，按照铺作构造病害等级鉴定，构造病害主要为 b 级。

5）构件破损和劈裂

根据"铺作材质状况勘察分析"，东面、北面铺作大量存在端面开裂情况，且裂纹多沿木射线绽开，其中，老料构件均有明显的老化干裂。西面、南面老料构件因材质退化而引起的干裂较严重，少量构件有拔榫情况，转角铺作因多为替换的新料构件，所以老化、干裂程度比其他铺作要轻。构件存在大量破损和劈裂情况。按照铺作构造病害等级鉴定，构造病害主要为 c 级。

结论：经现状调查及"铺作材质状况勘察分析"，初祖庵大殿西、南面铺作的病害比东、北面铺作的病害更加普遍，且病害程度相对较严重；铺作的整体性能均保存一般，栱翘折断或小斗脱落、构件破损和劈裂病害较为严重，但未构成残损点。

6. 梁架构造调查

初祖庵大殿梁架虽历经多次维修，但受周边环境、材料性能等影响，建筑构造稳定性已发生减弱，本次调查尤其注重构造的稳定性考察。参考《古建筑木结构维护与加固技术标准》GB/T 50165—2020 及木构架静力分析结论❶，具体调查内容包括梁架弯曲变形、端部劈裂、木构脱榫等。病害具体情况如下：

1）梁架弯曲变形

（1）角梁弯曲变形

根据木构架静力分析，建筑转角（四角）均发生沉降、角梁弯曲变形现象，最外侧沉降最大值为 13.63mm；梁架有微小的弯曲变形现象，但属于材料允许范围内的变形弯曲。

---

❶ 详见附录 C：木构架静力分析。

按照梁架构造病害等级鉴定，构造病害主要为 b 级。

（2）其他梁架构件弯曲变形情况

经现场调查，其他构件无明显弯曲变形情况。按照梁架构造病害等级鉴定，构造病害主要为 a 级。

2）端部劈裂

经现场调查，梁架所有木构件端部均有不同程度的劈裂情况。按照梁架构造病害等级鉴定，构造病害主要为 a 级。

3）木构脱榫

（1）柱、枋、方脱榫情况

经现场调查，初祖庵大殿东侧梁架出现脱榫现象，病害位置为槫下方与梁架蜀柱榫卯处，脱榫长度为 3cm。柱方榫头已拔出小于 2/5 榫长的长度。按照梁架构造病害等级鉴定，构造病害主要为 c 级。

（2）其他木构脱榫情况

经现场调查，其他梁架木构件无明显脱榫情况。按照梁架构造病害等级鉴定，构造病害主要为 a 级。

结论：初祖庵大殿梁架保存状况一般，病害主要为梁架构件局部存在不同程度脱榫，如槫下方与蜀柱，方与梁架的连接节点。梁架有局部变形，但未构成残损点。

7. 屋面构造调查

初祖庵大殿屋面距上次修缮相隔时间较长，由于屋面长期受环境影响，木基层及瓦面材料性能已开始下降。本次调查重点注重木基层及瓦面保存情况，具体内容包括木基层断裂、下沉、受潮等。病害具体情况如下：

1）木基层断裂、下沉

初祖庵大殿北侧及西侧檐口连檐木糟朽断裂，导致上部瓦件脱落。其中西侧檐口椽子头部弯曲下沉，整个檐口有下沉现象。按照屋面构造病害等级鉴定，构造病害主要为 c 级。

2）木基层受潮

经现场调查室外檐下及室内椽子、版栈表面有清晰可见的水渍痕迹，水渍现象较为普遍，木基层约 80% 面积存在受潮现象。按照屋面构造病害等级鉴定，构造病害主要为 d 级。

结论：初祖庵大殿屋面保存一般，主要病害为木基层断裂、下沉、木基层受潮，其中木基层受潮较为普遍，受潮面积较大，已构成残损点。

8. 构造调查结论

构造层面病害主要分布在铺作、梁架及屋面部位，主要包括铺作构件破损和劈裂、铺作构件脱落、拱翘折断、梁架构件局部连接处脱榫、木基层受潮及下沉等，其中屋面木基层受潮病害较为严重，已构成残损点。

2.3.3 材料调查

1. 青砖材料调查

青砖材料病害主要表现在阶基地面及散水部位，具体病害包括缺失、断裂或碎裂、风化。病害具体情况如下：

1）阶基

（1）缺失

阶基东北角及西北角地面青砖缺失 10 块；按照青砖材料病害等级鉴定，材料病害主要为 a 级。

（2）断裂或碎裂

阶基东侧及西南角台明材料断裂碎裂 20 块，局部断裂部分缺失；按照青砖材料病害等级鉴定，材料病害主要为 a 级。

（3）风化

阶基室内及室外地面普遍存在材料风化情况，共风化 3.25m^2 及 86 块青砖，风化深度 0.5～3cm；按照青砖材料病害等级鉴定，材料病害以 b 级为主。

2）散水

（1）缺失

散水青砖整体保存较好，材料无缺失情况；按照青砖材料病害等级鉴定，材料病害主要为 a 级。

（2）断裂或碎裂

建筑东西侧散水材料断裂碎裂 17 块；按照青砖材料病害等级鉴定，材料病害主要为 a 级。

（3）风化

建筑四周散水普遍存在不同程度的风化，风化深度 0.5～2cm；按照青砖材料病害等级鉴定，材料病害以 b 级为主。

结论：经现状调查，青砖材料病害分布比较普遍，首先以风化病害为主，病害程度较为严重，最大风化深度已达到 3cm。其次为材料的断裂或碎裂，断裂或碎裂病害主要分布在阶基及散水的东西两侧，病害未构成残损点。

2. 石质材料调查

石材病害主要表现在阶基陡板、踏道、墙体下碱及柱子部位等，具体病害包括断裂、层状剥落、缺棱掉角、结垢、石瑕、泛霜。病害具体情况如下：

1）阶基陡板

（1）断裂

经现场调查，建筑南立面阶基陡板东西两侧条石各断裂 1 处，阶基东、西、南立面压阑石断裂 6 处，条石仅存点状断裂；按照石材材料病害等级鉴定，材料病害主要为 a 级。

（2）结垢

阶基陡板表面局部结垢 $11m^2$，按石材材料病害等级鉴定，材料病害主要为 b 级。

（3）石瑕

建筑阶基陡板表面局部条石石瑕溢出，分布比较均匀，但不影响建筑风貌；按照石材材料病害等级鉴定，材料病害主要为 a 级。

（4）泛霜

经现场调查，建筑阶基陡板表面局部条石泛霜，泛霜现象主要存在于建筑西立面阶基，不影响建筑风貌；按照石材材料病害等级鉴定，材料病害主要为 a 级。

2）踏道

（1）断裂

经现场调查，踏道踏步条石断裂 3 处，中间御路石断裂 1 处，两侧副子各断裂 1 处，在一定区域内存在多处条石断裂的现象；按照石材材料病害等级鉴定，材料病害主要为 b 级。

（2）层状剥落

踏道踏步处条石的表面因长时间冻融循环，石材表面发生层状剥落现象，其中踏步条石剥落 5 处，中间御路石剥落 1 处，副子条石剥落 1 处，剥落深度 0.5～1.5cm。按照石材材料病害等级鉴定，材料病害主要为 b 级。

（3）缺棱掉角

踏道 3 处条石存在缺棱掉角现象。按照石材材料病害等级鉴定，条石缺棱掉角深度小于 1cm，材料病害主要为 b 级。

3）墙体下碱

（1）石瑕

建筑墙体下碱石材表面局部存在石瑕，分布比较均匀，但不影响建筑风貌；按照石材材料病害等级鉴定，材料病害主要为 a 级。

（2）泛霜

经现场调查，建筑墙体下碱石材局部泛霜，泛霜面积较小，不影响建筑风貌；按照石材材料病害等级鉴定，材料病害主要为 a 级。

4）石柱

（1）缺棱掉角

3 个柱础石分别存在缺棱掉角现象，按照石材病害等级鉴定，条石缺棱掉角深度大于 1cm、小于 3cm，按照石材材料病害等级鉴定，材料病害主要为 c 级。

（2）石瑕

石柱柱身表面局部存在石瑕，分布比较均匀，但不影响建筑风貌；按照石材材料病害等级鉴定，材料病害主要为 a 级。

结论：石材总体保存一般，主要病害分布在踏道或柱础石处，病害包括：条石断裂、层状剥离、缺棱掉角等,其他部位的石材仅在表面存在石瑕和泛霜病害,均未构成残损点。

3. 土坯材料调查

土坯材料主要使用在墙体部位,因墙体表面抹灰保存较好,未能调查到土坯的保存情况。

4. 木质材料调查

木材病害主要表现在铺作、梁架、木基层、门窗部位,具体病害包括腐朽、老化、裂纹、虫蛀、动物损害。病害具体情况如下:

1)铺作

(1)腐朽

根据"铺作材质状况勘察分析",外檐铺作构件表面存在不同程度的腐朽,按照木材材料病害等级鉴定,材料病害主要为 b 级。

(2)老化

根据"铺作材质状况勘察分析",外檐铺作构件表面存在不同程度的老化、风化,按照木材材料病害等级鉴定,材料病害主要为 b 级。

(3)裂纹

根据"铺作材质状况勘察分析",外檐铺作构件表面普遍存在沿木纹方向的裂纹,按照木材材料病害等级鉴定,材料病害主要为 b 级。

(4)虫蛀

经现场调查,木构件表面可明显观察到虫洞(白蚁虫蚀),按照木材材料病害等级鉴定,材料病害主要为 d 级。

(5)动物损害

经现场调查,铺作木构件间表面局部存在明显鸟粪,按照木材病害等级鉴定,材料病害主要为 b 级。

2)梁架

(1)老化

经现场调查,木构件表面存在不同程度的老化、风化现象,按照木材材料病害等级鉴定,材料病害主要为 b 级。

(2)裂纹

经现场调查,梁架构件表面存在沿纵深方向细小的干缩裂纹,按照木材材料病害等级鉴定,材料病害主要为 b 级。

(3)虫蛀

经现场调查,大殿梁架存在的虫蛀现象比较普遍,梁架表面可明显观察到虫洞(白蚁虫蚀),按照木材材料病害等级鉴定,材料病害主要为 d 级。

3)木基层

（1）腐朽

经现场调查，木基层腐朽较为严重，其中建筑北立面及西立面檐口连檐已腐朽断裂2处，檐口版栈腐朽，局部缺失0.1m²；建筑四面椽头表面有不同程度的腐朽现象，西立面较为严重。按照木材材料病害等级鉴定，材料病害主要为d级。

（2）老化

经现场调查，椽头及版栈表面存在不同程度的老化现象，按照木材材料病害等级鉴定，材料病害主要为b级。

4）门窗

经现场调查，门窗表面油饰保护，木材无明显裂缝、动物损害，表面可见轻微腐朽、老化情况，材料保存一般，按照木材材料病害等级鉴定，各材料病害主要为b级。

结论：根据现状调查及材质分析，木材病害主要分布在建筑铺作及木基层部位，材料腐朽、老化现象比较普遍，其中连檐腐朽断裂。其他病害大多以点状形态出现，均未构成残损点。

5. 瓦件材料调查

瓦件病害主要表现在瓦面及屋脊部位，病害主要包括结垢、断裂或碎裂、松动或缺失。病害具体情况如下：

1）瓦面

（1）结垢

由航拍照片及三维扫描模型可观察并测量到瓦件表面1/3存在积尘及老化产物，但不影响建筑风貌。按照瓦件病害等级鉴定，材料病害主要为b级。

（2）断裂或碎裂

瓦面局部瓦件断裂2.5m²，其中钉帽缺失的瓦件基本全部断裂，材料病害对屋面构造有一定影响。按照瓦件材料病害等级鉴定，材料病害主要为c级。

（3）松动或缺失

由航拍照片可以清晰调查到瓦面因植物根系破坏，局部瓦件存在松动现象，其中西侧、南侧檐口瓦件缺失严重，约0.5m²。按照瓦件材料病害等级鉴定，材料病害主要为b级。

2）屋脊

断裂或碎裂：北坡屋面西侧垂脊瓦件断裂3块，瓦件仅存点状断裂或碎裂。按照瓦件材料病害等级鉴定，材料病害主要为a级。

结论：瓦件材料保存一般，材料主要病害为断裂或碎裂、植物损害，病害已对屋面构造造成一定危害，但不影响建筑安全。

6. 灰浆材料调查

灰浆病害主要表现在阶基、墙体部位，具体病害包括风化或流失、抹灰空鼓、植物损害。病害具体情况如下：

1）阶基

（1）风化或流失

经现状调查，阶基南立面灰缝局部风化或流失 $1.2m^2$，深度 $0.2\sim1cm$。阶基压阑石砌筑灰浆基本全部流失。按照灰浆材料病害等级鉴定，材料病害主要为 b 级。

（2）植物损害

经现场勘察，阶基东立面局部植物滋生 $0.3m^2$，按照灰浆材料病害等级鉴定，材料病害主要为 a 级。

2）墙体

抹灰空鼓：经现状调查南立面及东立面墙体表面抹灰存在空鼓，局部抹灰脱落，脱落面积 $1.3m^2$。按照灰浆材料病害等级鉴定，材料病害主要为 b 级。

结论：灰浆整体保存较好，主要病害为阶基灰浆流失、墙体抹灰脱落等，均未构成残损点。

7. 油饰彩画材料调查

油饰彩画材料的具体病害为龟裂、起甲、脱落、变色、烟熏。病害具体情况如下：

1）油饰

龟裂、起甲、脱落：阑额、门窗表面油饰存在龟裂、起甲现象，局部油饰脱落 $1.1m^2$，已影响建筑风貌。按照油饰彩画材料病害等级鉴定，材料病害主要为 c 级。

2）彩画、壁画

（1）龟裂、起甲、脱落

铺作、梁架、阑额表面彩画普遍存在龟裂、起甲、脱落现象。按照油饰彩画材料病害等级鉴定，各材料病害主要为 d 级。

（2）变色

梁架表面彩画因长时间风化，颜色变浅，已影响建筑风貌。按照油饰彩画材料病害等级鉴定，材料病害主要为 c 级。

（3）烟熏

室内壁画表面长时间受香火燃烧后影响，表面飘落燃后物。按照油饰彩画材料病害等级鉴定，材料病害主要为 b 级。

结论：油饰彩画病害较为严重，主要病害为龟裂、起甲、脱落现象，病害分布普遍，且已构成残损点，影响建筑整体风貌。

8. 材料调查结论

初祖庵大殿木材、瓦件、油饰彩画病害程度较为严重，多处已构成残损点，主要为木材腐朽、瓦件断裂或碎裂、油饰彩画龟裂、脱落等。其他病害，大多为点状病害，对建筑整体安全及风貌影响较小。

2.3.4 调查结论

经现场调查和木构架有限元模拟计算分析及重要部位构件的材质分析，确定初祖庵大殿的建筑病害主要为构造及材料病害。虽无结构残损，但存在危害建筑安全的可能性或因素。依据《古建筑木结构维护与加固技术规范》GB/T 50165—2020，初祖庵大殿安全性等级评定为 b′ 级。初祖庵大殿结构、构造、材料调查结论如下：

（1）初祖庵大殿结构病害，病害程度等级鉴定多为 A 级，无结构残损情况。

（2）初祖庵大殿构造病害，病害程度等级鉴定不同病害等级均有。其中屋面病害较多，且病害程度非常严重。

（3）初祖庵大殿材料病害，病害程度等级鉴定不同病害等级均有。瓦件、油饰彩画病害较多。木材、油饰彩画病害程度非常严重。

初祖庵大殿病害程度等级鉴定见表 2-5。

初祖庵大殿病害程度等级鉴定 表 2-5

病害类型	评估对象	评估等级分布情况	病害程度评估
结构病害	地基与基础	A 级	无病害情况
	木构架	A、B 级	无病害情况
构造病害	阶基	a 级	一般严重
	墙体	a、b 级	一般严重
	门窗	a 级	一般严重
	石柱	a、c 级	一般严重
	铺作	b、c 级	比较严重
	梁架	a、b、c 级	比较严重
	屋面	c、d 级	非常严重
材料病害	青砖	a、b 级	一般严重
	石材	a、b、c 级	比较严重
	土坯	—	—
	木材	b、d 级	非常严重
	瓦件	a、b、c 级	比较严重
	灰浆	b 级	一般严重
	油饰彩画	b、c、d 级	非常严重

2.4 病害成因分析

2.4.1 病害汇总与成因分析

经过现状勘察，初祖庵大殿建筑无结构病害，构造、材料层面存在诸多病害（表 2-6），主要包括以下方面：

（1）阶基青砖老化，自身性能降低，抗压和抗折强度不足；有些砖的过火温度不够或内部含盐量过大，酥粉程度明显高于周围其他砖块；条石自身老化严重，表层强度不足。

（2）石柱长时间承受上部荷载作用，柱子产生微量倾斜和裂缝现象。

（3）铺作长时间承受上部荷载作用，发生变形、扭曲；铺作历经多次维修，新老材料更替比较明显，体系连接不足，新老构件间出现裂缝。

（4）梁架自身性能降低，加之受上部荷载影响，梁架发生微量变形，局部构件脱榫。

（5）墙体外表面没有发现病害。

（6）屋面木基层及瓦面病害普遍，且较为严重，由于屋面距上次修缮相隔时间较长，材料性能降低，引起构造层面产生病害。

初祖庵大殿病害及成因汇总　　　　　　　　　　　　　　表 2-6

	部位	现状病害	病害描述	病害成因阐述
	阶基	阶基裂缝	石材纵向断裂及多个连接的灰浆流失而产生纵向分布的裂缝	石材常见老化，加上外力作用，导致石材破裂
	墙体	墙体破损	墙体表面抹灰层脱落，可见底灰	温湿度变化
	门窗	无构造病害		
	石柱	石柱倾斜	石柱出现不同程度的轻微倾斜现象，其中当心间东侧后檐柱中部有横向隐裂痕迹	石材长年老化及上部荷载作用所致
构造病害	铺作	整朵铺作变形、扭闪	铺作产生明显变形、扭闪等现象	材料自身老化及上部荷载所致
		构件贴合不紧	新老构件间出现缝隙	新老材料性能差异大及上部荷载所致
		大斗偏斜或位移	铺作构件产生松动现象	上部荷载所致
		拱翘折断或小斗脱落	铺作构件产生拔榫现象	铺作构件长年老化及上部荷载作用所致
		构件破损和劈裂	铺作构件产生破坏性裂缝	因温湿度变化，木材的表层含水率差异大，表层的拉应力使表层撕裂
	梁架	弯曲变形	木构件自身扭曲的现象	材料自身老化及上部木结构内应力所致
		端部劈裂	木构件端部产生破坏性裂缝	因温湿度变化，木材的表层含水率差异大，表层的拉应力使表层撕裂
		木构脱榫	木构件移位，榫头脱离卯口	构件连接性能降低，木构件受拉应力产生移位
	屋面	木基层下沉	椽子弯曲变形，檐口整体有下沉现象	材料自身老化及长时间椽子受上部荷载所致
		木基层断裂	檐口整体下沉，连檐断裂	环境影响，材料自身老化
		木基层受潮	檐下椽子及室内椽子及版栈有可见水渍	环境影响，雨水侵蚀
材料病害	青砖	缺失	青砖缺失	雨水淋滤侵蚀，灰浆流失，青砖松动缺失
		断裂或碎裂	青砖出现开两块或两块以上的现象	人为踩踏为主，材料处于长时间温湿度变化、冻融循环的环境中，材料酥碱至断裂
		风化	青砖表层崩解，失去原有的硬度	材料自身缺陷，雨水淋滤侵蚀、温差冻融循环及人为踩踏共同作用产生内应力致使表层崩解

续表

部位		现状病害	病害描述	病害成因阐述
材料病害	石材	断裂	石材出现裂开两块或两块以上的现象	材料自身年久老化、人为磕碰等器械外力作用因素
		层状剥落	石材表层层状崩解、脱落	长期人为踩踏,雨水淋滤侵蚀、冻融循环产生应力使石材表面局部崩裂
		缺棱掉角	石材棱边或角缺损的现象	材料受外力影响为主
		结垢	石材表面存在不易清理的污渍	表面存在长时间积累的老化产物、积尘、空气中的其他成分
		石瑕	石材表面形成污染石材的异物	地下毛细水上升及冻融循环作用、条石长期处于饱水状态,导致内部可溶盐析出形成可见石瑕
		泛霜	随着石材内水分蒸发而在石材表面产生盐析的现象	湿度变化,材料内水蒸发
	土坯		因客观条件,未能进行详细勘察	
	木材	腐朽	木材表面失去原有的光泽,开始变色,腐朽严重的木构件逐步开始糟烂	木材长期处在潮湿状态下,真菌侵害所致
		老化	木材表面失去原有的光泽	因温湿度变化及风化影响
		裂纹	木材表面形成沿纵深方向的细小裂纹(表裂)	因温湿度变化,木材的表层含水率差异大,表层的拉应力使表层撕裂
		虫蛀	木材表面清晰可见虫洞分布	环境潮湿,白蚁侵蚀
		动物损害	木材表面侵蚀	动物排泄物侵蚀
	瓦件	结垢	瓦件表面存在不易清理的污渍	瓦件表面存在长时间积累的老化产物、积尘、空气中的其他成分
		断裂或碎裂	瓦件出现裂开两块或两块以上的现象	材料处于长时间温湿度变化、冻融循环的环境中,材料酥碱至断裂
		松动或缺失	瓦件出现松动或缺失的现象	屋面受雨水淋滤或植物根系影响
	灰浆	风化或流失	材料表层崩解,失去原有的硬度	雨水淋滤侵蚀,毛细水上升作用
		抹灰空鼓	抹灰脱离墙体,内部形成空鼓	温湿度变化,墙体内部水分散发,导致抹灰鼓胀
		植物损害	灰浆遭到破坏	植物滋生造成
	油饰彩画	龟裂、起甲、脱落	油饰彩画表面裂开、卷翘,局部脱离	温湿度变化导致油饰彩画龟裂、起甲,直至引起局部脱落
		变色	油饰彩画颜色变浅	环境风化,颜料层粉化
		烟熏	油饰彩画色彩变灰	香火燃烧物飘落至壁画上

2.4.2 破坏因素分析

1. 环境破坏因素

初祖庵大殿处于嵩山脚下，建筑上部主要由木构件承重，容易受到自然环境的威胁，如雨水侵蚀、高湿度环境等均会对木材造成破坏，进而危害构造及结构安全。具体环境破坏因素及机理如下：

1）雨水侵蚀破坏

初祖庵大殿屋面长时间受雨水淋滤侵蚀，导致屋面瓦件松动，排水系统出现故障，最终雨水渐渐渗入泥背层，加重泥背破坏、瓦件松动脱落，并且催生植物滋生，造成更严重的屋面破坏。

屋面破坏后，雨水进而对屋面下的木基层及梁架造成破坏。如铺作、版栈及梁架表面普遍存在的水渍现象，室外西侧屋面连檐的腐朽断裂，椽头的严重劈裂腐朽，室内栿头、椽子等木构件表面的腐朽、变色，甚至引发整体木构架有倾斜变形的趋势（图 2-13）。若任由雨水侵蚀，对木基层和梁架进行破坏，严重时则会对建筑结构安全造成影响。

| (a) 铺作水渍 | (b) 连檐腐朽断裂 | (c) 梁架表面腐朽变色 |

图 2-13　雨水侵蚀对建筑的破坏

2）高湿度环境破坏

初祖庵大殿处在嵩山之中，昼夜温差较大，湿度较高，建筑北侧门扇基本处于关闭状态，室内通风不畅，潮气无法有效排出。由于环境温湿度影响、雨水下渗及建筑自身排风条件差，建筑室内湿度明显较高。木构架处在高湿度的环境中，木材逐渐发生变形，表面出现劈裂、裂纹等现象，对建筑结构安全影响较大（图 2-14）。

| (a) 木材变形 | (b) 木材劈裂 | (c) 铺作木材裂纹 |

图 2-14　高湿度环境对建筑的破坏

除了雨水、高湿度环境对初祖庵大殿有明显破坏外，地震、风、日照等因素也对其造成了不同程度的损伤，因此类因素对建筑造成的损伤程度较小，可忽略不计。各环境影响因素及破坏程度归纳见表2-7。

环境破坏因素分析　　　　　　　　　　　表 2-7

影响因素	阶基	墙体	木构架	铺作	门窗	屋面
地震	—	—	—	—	—	—
风	—	—	—	—	—	—
日照	—	—	—	—	—	—
雨水	▬	—	■	■	—	■
高湿度环境	—	—	▬	▬	—	—

评价标准：— 未见影响；▬ 轻度影响；■ 中度影响；■ 重度影响。

2. 生物破坏因素

生物破坏因素包括动、植物破坏及人为破坏三个方面，现归纳如下：

1）植物破坏

初祖庵大殿屋面瓦垄间植物生长，植物根系逐步伸入泥背层，植物根系直接破坏泥背层，形成毛细现象并间接导致雨水下渗，如图 2-15（a）所示。

2）白蚁破坏

建筑室内湿度较高，比较适合白蚁生存，经现场调查，建筑的阑额、铺作、梁架等木材表面均已出现不同程度的虫蚀现象，如图 2-15（b）所示。

3）人为破坏

人为破坏主要包括人为踩踏磨损、刻画、机械力破坏等。经现场调查，初祖庵大殿的踏步、室内地面有较为严重的踩踏磨损，部分柱础、压阑石被机械力破坏而导致断裂、缺棱掉角，如图 2-15（c）所示。

(a) 植物破坏　　　　　　　(b) 白蚁破坏　　　　　　　(c) 人为破坏

图 2-15　生物因素对建筑的破坏

各生物影响因素及破坏程度归纳见表2-8。

生物破坏因素分析　　　　　　　　　　　表 2-8

影响因素	阶基	墙体	石柱	木构架	铺作	门窗	屋面
植物破坏	—	—	—	—	—	—	■
白蚁破坏	—	—	—	■	■	■	—

续表

影响因素		阶基	墙体	石柱	木构架	铺作	门窗	屋面
人为破坏	踩踏、磨损	▬	—	▬	—	▬	—	—
	机械力破坏	▬	—	■	—	—	—	—

评价标准：— 未见影响；▬ 轻度影响；▬ 中度影响；■ 重度影响。

2.5 保护建议与措施

2.5.1 总体保护思路

初祖庵大殿修缮应遵守"不改变文物原状"与"最小干预"的原则，以预防性修缮为主。

1. 结构层面保护思路

目前，初祖庵大殿的结构尚为稳定，但在静力作用及地震作用下将产生不稳定因素，主要表现为转角下沉，木构架倾斜、变形等，其主要原因为材料自身性能降低，长时间受上部荷载作用，虽然现状未有明显结构安全问题，但为保证建筑的延续性及安全性，应立即关注、监测其稳定性变化。

2. 构造层面保护思路

初祖庵大殿构造层面病害主要出现在铺作及屋面，主要破坏因素为雨水下渗，具体原因为屋面植物生长、瓦件日久松动、断裂、缺失，导致雨水进一步侵蚀木基层等。保护初祖庵大殿当务之急应解决雨水下渗问题，解决雨水下渗问题主要靠屋面日常护养以及适当的修复。其他构造可不过多处理。

3. 材料层面保护思路

初祖庵大殿的建造材料主要为青砖、石材、土坯、木材、瓦件、灰浆、油饰彩画等，材料病害会影响建筑的外观风貌，若任其发展会进一步破坏建筑的真实性、完整性及安全性。建议根据材料病害程度进行合理的维修，以病害的监测及日常养护为主。

2.5.2 修缮措施建议

根据病害程度等级鉴定结果，针对已构成残损点的病害（d级）提出合理的修缮措施，主要的修缮措施有替换酥碱严重的青砖、修补墙面脱落抹灰、腻子填补木构件自身裂缝、更换腐朽严重的连檐及椽子、清理屋面植物、补配缺失的滴水瓦件等。具体修缮措施如下：

1. 阶基

青砖嵌补风化深度大于横截面1/3的青砖，碎裂或仅表面风化的青砖保持现状。表层裂缝的条石及表面有石瑕的条石以保持现状为主。

措施思考：原材料工艺具有历史信息，在不影响安全的情况下尽量保持原状。

2. 石柱

维持现状，若石柱断裂处连接情况发生变化，应及时做详细勘察。

措施思考：石柱为建筑重要的承重结构，现石柱多数保存较好，未对建筑造成安全影响。

3. 铺作

用腻子填抹木构件的劈裂处。虫蛀构件维持现状，若后期发现木构件病害有明显恶化现象，及时做详细勘察。

措施思考：

（1）目前铺作尚处于稳定状态。若能保证后期铺作构件变形发展和断裂情况的监测，便可实时了解铺作构件病害发展情况，然后可根据后期病害的变化情况，提出进一步的保护措施。

（2）木构件虫蛀是嵩山地区木结构建筑常见的病害之一，现状铺作木构件未发现新的虫洞，应定期检测，如发现有新的虫蛀情况，再做详细勘察，提出具体措施。

4. 梁架

栿——用腻子填抹栿的劈裂处。

槫——脊槫、上平槫、下平槫保持现状，若后期发现可能存在险情，及时做详细勘察。

连檐、椽——按原形制、原材料更换檐口的腐朽连檐；更换腐朽严重的椽子。

措施思考：

（1）目前上部木构架尚处于稳定状态。若对倾斜木构件进行拆修挑拨，就违背了古建筑保护修缮中的最小干预原则。若能保证后期的监测，便可实时了解建筑倾斜的发展状况，若无发展倾斜趋向，可保持现状，以保养为主，若发生严重倾斜趋向，可再做详细勘察，提出具体修缮措施。

（2）瓦件缺失会导致雨水直接侵蚀连檐及梁架木构件，因此对檐口进行修缮，补配瓦件可保证下部构件不受雨水侵蚀。

5. 墙体

壁画——清理墙面壁画表面的杂物灰尘，以保存现状为主。

措施思考：变色、脱落是古建筑彩画的常见病害，建议采取相关措施，增强已残损彩画的延续性，避免进一步的损坏。

抹灰——修补外壁脱落的抹灰，并喷刷与原墙壁同色的油饰。

措施思考：墙体抹灰可保护墙体内部构造，减少外部环境对墙体内部造成伤害，如风化、温湿度变化带来的性能影响。

6. 门窗

门窗保持现状，定期清理表面灰尘。

7. 屋面

清理檐口及屋面的植物；对屋面渗水处进行修复，重做泥背，更换断裂缺损的瓦件，并按原形制补配缺失的瓦件。

措施思考：

（1）屋面植物根系会破坏屋面的结构及构造，故需清理屋面植物。

（2）屋面瓦件缺失会导致屋面渗水，进而造成木构件腐朽，埋下结构安全隐患。

2.5.3 预防性保护措施建议

1. 遗产监测建议

建议加强日常监测和预防性保护工作，如木构件蛀孔病害发展情况监测、上部结构稳定性监测、屋面植物监测、大殿屋面的温湿度监测、彩画和壁画的监测。具体监测项目如下：

1）木构件蛀孔病害监测

对初祖庵大殿上部木构件（铺作为主）的蛀孔现象进行定期监测，重点关注是否有新的孔洞。采用工业相机摄影的方式定期监测，并记录结果。采用敲击的方式，查看构件是否产生心腐。

2）上部梁架结构监测

对初祖庵大殿上部的木构架的位移情况进行监测。可采用三维激光扫描仪、全站仪等仪器对建筑的各个角点进行测量，记录测量数据，计算出模型，并与各阶段监测数据进行对比，以此确定建筑上部结构及木构架是否出现空间位置变化，判断是否会有严重倾斜趋向。

3）屋面植物监测

对初祖庵大殿的屋面进行日常巡护，如采用无人机进行航拍，重点关注是否有新的植物生长及其对瓦件的影响。

4）大殿屋面监测

对初祖庵大殿进行屋面整体监测，尤其是在雨后及下雪后，重点监测屋面木基层。可采用红外热成像仪实时测量屋面温度，并记录数据，归纳屋面的温湿度变化规律。

5）墙体壁画及木作彩画监测

对初祖庵大殿室内壁画及木构件表面彩画进行定期监测，重点关注壁画及木作彩画的发展状况。可采用三维扫描技术定时采集影像的方式进行监测，要求可辨识影像区域不小于 $1m×1m$，动态比较分析壁画及彩画各时期变动趋势，并随时提出保护措施建议。

2. 日常保护建议

对于初祖庵大殿的材料病害以维持现状、日常养护为主，对植物、鸟类等生物破坏因素及积水、积雪等环境破坏因素进行及时处理，预防病害残损的发生。具体日常保护建议如下：

1）生物破坏因素防治

对瓦件、砖块及石材表面滋生的植物、附着的鸟粪进行定期巡视及清理。建议每半年进行一次清除植物措施，春秋两季加强日常巡查，发现植物滋生后立即处理。并将树叶枝干的危害纳入日常监测中，作为日常巡查的重要内容，若发现枝干对建筑构成威胁，则应向相关部门申报后，剪除相关枝干。

2）环境破坏因素防治

定期通风。在降雨及降雪后应及时清理阶基、墙根的积雪和积水。

3. 保护管理建议

建立健全从业资格认定程序，组建文物保护管理的专业队伍，注重引入高级技术人才，确保管理水平。制定日常维护工作计划及相关管理制度，记录定期巡视工作内容。完善档案资料库及监测预警系统平台，成立初祖庵大殿专业研究机构。建立文物及其环境的定期普查、维护保养和隐患报告制度。建立游客管理制度。

3 初祖庵大殿病害调查汇总表[1]

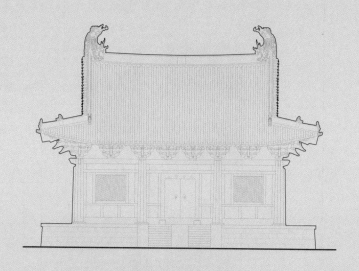

[1] 本章病害调查时间为 2018—2019 年，进一步阐明病害的发展趋势。

3.1 阶基

平面图

部位	编号	构件名称/构造做法	照片	保存现状	照片	病害原因分析	病害类型界定及程度评估	处理建议
柱础石	1	覆盆式柱础		柱础东北角缺掉角 0.02m²，深度 5cm		材料自身年久老化，人为磕碰等器械外力作用因素	病害类型界定：材料病害；病害鉴定等级：d级	维持现状、加强维护
	2	覆盆式柱础		柱础北侧缺棱掉角 0.01m²，深度 1cm		材料自身年久老化，人为磕碰等器械外力	病害类型：材料病害；病害鉴定等级：c级	维持现状、加强维护
	3	覆盆式柱础		柱础北侧缺掉角 0.05m²，深度 1~3cm		材料自身年久老化，人为磕碰等器械外力作用因素	病害类型：材料病害；病害鉴定等级：c级	维持现状、加强维护
阶基地面	4	室内人字纹青砖墁地		地面青砖风化 12块，风化深度 0.1~1cm		材料自身缺陷，人为踩踏，致使表层崩解	病害类型：材料病害；病害鉴定等级：b级	维持现状、加强维护
	5	室内人字纹青砖墁地		地面青砖风化 12块，风化深度 0.1~0.5cm		材料自身缺陷，人为踩踏，致使表层崩解	病害类型：材料病害；病害鉴定等级：b级	维持现状、加强维护
	6	室内人字纹青砖墁地		地面青砖风化 3块，风化深度 0.1~0.5cm		材料自身缺陷，人为踩踏，致使表层崩解	病害类型：材料病害；病害鉴定等级：b级	维持现状、加强维护

部位	编号	构件名称/构造做法		保存现状		病害原因分析	病害类型界定及程度评估	处理建议	平面图
阶基地面	7	室内人字纹青砖墁地		地面青砖风化面积 1m²，风化深度 0.1~0.8cm		材料自身缺陷、人为踩踏，致使表层崩解	病害类型：材料病害；病害鉴定等级：b 级	维持现状，加强维护	
	8	室内人字纹青砖墁地		地面青砖风化面积 1m²，风化深度 0.1~1cm		材料自身缺陷、人为踩踏，致使表层崩解	病害类型：材料病害；病害鉴定等级：b 级	维持现状，加强维护	
	9	室内人字纹青砖墁地		地面青砖风化面积 1m²，风化深度 0.1~1cm		材料自身缺陷、人为踩踏，致使表层崩解	病害类型：材料病害；病害鉴定等级：b 级	维持现状，加强维护	
	10	室外人字纹青砖墁地		地面青砖风化 5 块，风化深度 1~3cm		材料自身缺陷、温差冻融循环及人为踩踏，温差冻融内应力产生共同作用致使表层崩解	病害类型：材料病害；病害鉴定等级：d 级	更换风化深度大于 2cm 的青砖，并加强维护	
	11	室外人字纹青砖墁地		地面青砖风化 10 块，风化深度 1~2cm，断裂或碎裂 10 块		材料自身缺陷、温差冻融循环及人为踩踏，温差冻融内应力产生共同作用致使表层崩解	病害类型：材料病害；病害鉴定等级：c 级	维持现状，加强维护	
	12	室外人字纹青砖墁地		地面青砖风化 11 块，风化深度 0.5~1cm		材料自身缺陷、温差冻融循环及人为踩踏，温差冻融内应力产生共同作用致使表层崩解	病害类型：材料病害；病害鉴定等级：b 级	维持现状，加强维护	

部位	编号	构件名称/构造做法	保存现状	病害原因分析	病害类型界定及程度评估	处理建议	平面图
阶基地面	13	室外人字纹青砖墁地	地面青砖风化20块，风化深度0.5~1.5cm	材料自身缺陷，雨水淋渗侵蚀、温差冻融循环及人为踩踏共同作用产生内应力致使表层崩解	病害类型：材料病害；病害鉴定；等级：b级	维持现状、加强维护	
阶基踏道	14	条石踏跺、副子及垂带	踏步条石断裂2处	材料自身年久老化、人为磕碰等器械外力作用因素	病害类型：材料病害；病害鉴定；等级：a级	维持现状、加强维护	
阶基踏道	15	条石踏步及御路石	踏步条石表面层状剥落0.15m²，深度0~1cm	长期人为踩踏、雨水淋渗侵蚀，冻融循环产生应力使石材表面局部崩裂	病害类型：材料病害；病害鉴定；等级：b级	维持现状、加强维护	
			御路断裂1处	材料自身年久老化、人为磕碰等器械外力作用因素	病害类型：材料病害；病害鉴定；等级：a级	维持现状、加强维护	
			局部表面层状剥落深度1cm	长期人为踩踏、雨水淋渗侵蚀，冻融循环产生应力使石材表面局部崩裂	病害类型：材料病害；病害鉴定；等级：b级	维持现状、加强维护	
阶基踏道	16	条石踏步、副子及御路石	踏步条石断裂1处，御路石断裂1块	材料自身年久老化、人为磕碰等器械外力作用因素	病害类型：材料病害；病害鉴定；等级：a级	维持现状、加强维护	
阶基踏道	17	条石踏步及御路石	踏步条石局部层状剥落0.1m²，深度0.5~1cm	长期人为踩踏、雨水淋渗侵蚀，冻融循环产生应力使石材表面局部崩裂	病害类型：材料病害；病害鉴定；等级：b级	维持现状、加强维护	
			踏步条石缺棱掉角4块	材料自身年久老化、人为磕碰等器械外力作用因素	病害类型：材料病害；病害鉴定；等级：a级	维持现状、加强维护	
阶基地面	18	室外人字纹青砖墁地	青砖断裂或碎裂6块，局部断裂缺失	长期表面风化酥碱、冻融循环产生温度应力使石材表面风化酥碱，局部断裂缺失	病害类型：材料病害；病害鉴定；等级：b级	更换碎裂的青砖并加强维护	

部位	编号	构件名称 构造做法	保存现状	病害原因分析	病害类型界定程度及度评估	平面图	处理建议
阶基地面	19	室外人字纹青砖墁地	地面青砖风化 6 块，风化深度 1~2cm	材料自身缺陷、温差冻融循环及人为踩踏共同作用产生内应力致使表层崩解	病害类型：材料病害 等级：b 级		维持现状、加强维护
	20	室外人字纹青砖墁地	地面青砖风化 7 块；其中 3 块青砖为局部风化，风化深度 0.5~1cm	材料自身缺陷、温差冻融循环及人为踩踏共同作用产生内应力致使表层崩解	病害类型：材料病害 等级：b 级		维持现状、加强维护
	21	室外人字纹青砖墁地	地面青砖风化 0.25m²，风化深度 0.5~2cm	材料自身缺陷、温差冻融循环及人为踩踏共同作用产生内应力致使表层崩解	病害类型：材料病害 等级：b 级		维持现状、加强维护
	22	室外人字纹青砖墁地	地面青砖风化 2 块，风化深度 1~1.5cm	材料自身缺陷、温差冻融循环及人为踩踏共同作用产生内应力致使表层崩解	病害类型：材料病害 等级：b 级		维持现状、加强维护
	23	地面青砖斜墁	地面青砖局部风化 3 块，风化深度 1~1.5cm；青砖缺失 1 块	雨水淋溶侵蚀，砌浆流失，青砖松动缺失	病害类型：材料病害 等级：a 级		维持现状、加强维护
	24		青砖缺失 4 块	雨水淋溶侵蚀，砌浆流失，青砖松动缺失	病害类型：材料病害 等级：a 级		维持现状、加强维护

部位	编号	构件名称/构造做法	保存现状	病害原因分析	病害类型界定及程度评估	处理建议
阶基地面	25	室外人字纹青砖墁地	地面青砖风化2块,风化深度1.5~2cm	材料自身缺陷,温差冻融循环及人为踩踏共同作用产生内应力致使表层崩解	病害类型:材料病害;病害鉴定 等级:b级	维持现状,加强维护
	26	室外人字纹青砖墁地	地面青砖风化2块,风化深度1.5~2cm	材料自身缺陷,温差冻融循环及人为踩踏共同作用产生内应力致使表层崩解	病害类型:材料病害;病害鉴定 等级:b级	维持现状,加强维护
	27	室外人字纹青砖墁地	地面青砖风化3块,风化深度0.5~1cm	材料自身缺陷,温差冻融循环及人为踩踏共同作用产生内应力致使表层崩解	病害类型:材料病害;病害鉴定 等级:a级	维持现状,加强维护
	28	室外人字纹青砖墁地	地面青砖缺棱掉角3块,深度1cm	材料自身缺陷,温差冻融循环及人为踩踏共同作用产生内应力致使表层崩解	病害类型:材料病害;病害鉴定 等级:b级	维持现状,加强维护
	29	室外人字纹青砖墁地	地面青砖风化1块,风化深度1.5~2cm	材料自身年久老化,人为磕碰等器械外力作用因素	病害类型:材料病害;病害鉴定 等级:b级	维持现状,加强维护
柱础石	30	覆盆式柱础	柱础南侧表面缺棱掉角0.1m²,深度3cm	材料自身年久老化,人为磕碰等器械外力作用因素	病害类型:材料病害;病害鉴定 等级:b级	维持现状,加强维护

平面图

部位	编号	构件名称/构造做法	保存现状	病害原因分析	病害类型界定程度及程度评估	处理建议	南立面图
阶基踏道	31	条石踏步	条石表面均有不同程度磨损、踩踏条石层状剥落 3 块，剥落深度 1～2cm	长期人为踩踏；雨水淋溶侵蚀、冻融循环产生应力使石材表面局部崩裂	病害类型：材料病害；病害鉴定等级：b 级	维持现状，加强维护	
	32	条石踏步	条石 5 块表面均有不同程度磨损，条石断裂 1 处	材料自身久老化、人为磕碰等横向外力作用因素	病害类型：材料病害；病害鉴定等级：a 级	维持现状，加强维护	
阶基陡板	33	条石砌筑陡板	陡板条石表面可见石眼 2.8m²	地下毛细水上升及冻融循环作用，致内部可溶性盐析出形成可见石眼	病害类型：材料病害；病害鉴定等级：b 级	维持现状，加强维护	
	34	条石砌筑陡板	陡板条石表面可见石眼 0.8m²	地下毛细水饱水状态，期处于饱水状态，致内部可溶性盐可见石眼	病害类型：材料病害；病害鉴定等级：b 级	维持现状，加强维护	
	35	条石砌筑陡板	陡板条石断裂 1 块	材料自身久老化、人为磕碰等横向外力作用因素	病害类型：材料病害；病害鉴定等级：a 级	维持现状，加强维护	
	36	条石砌筑陡板	陡板条石表面可见石眼 1.2m²	地下毛细水上升及冻融循环作用，致内部可溶性盐析出形成可见石眼	病害类型：材料病害；病害鉴定等级：b 级	维持现状，加强维护	

部位	编号	构件名称/构造做法	保存现状	病害原因分析	病害类型界定及程度评估	处理建议	东立面图
阶基踏道	37	踏道青砖象眼	青砖灰浆风化 0.1m²	雨水淋滤侵蚀、毛细水上升作用	病害类型:材料病害;病害鉴定等级:b级	维持现状、维护	
阶基陡板	38	条石砌筑陡板	陡板条石断裂 1块	材料自身年久老化、阶基上部压力作用	病害类型:材料病害;病害鉴定等级:a级	维持现状、维护	
	39	条石砌筑陡板	陡板条石表面局部结垢 0.3m²;1块条石表面可见水渍	雨水淋滤侵蚀、表面长时间积累老化产物	病害类型:材料病害;病害鉴定等级:b级	维持现状、维护	
	40	条石砌筑陡板	陡板条石表面局部结垢 0.35m²;4块条石表面可见水渍	雨水淋滤侵蚀、表面长时间积累老化产物	病害类型:材料病害;病害鉴定等级:b级	维持现状、维护	

西立面图

部位	编号	构件名称/构造做法	保存现状	病害原因分析	病害类型界定及程度评估	处理建议
阶基踏道	41	踏道青砖象眼	青砖表面泛霜 0.1m²	毛细水上升作用,可溶性盐溢出	病害类型:材料病害;病害鉴定;等级:a 级	维持现状、加强维护
阶基陡板	42	条石砌筑陡板	陡板条石表面局部结坼 1.1m²	雨水淋渗侵蚀,表面长时间积累老化产物	病害类型:材料病害;病害鉴定;等级:b 级	维持现状、加强维护
	43	条石砌筑陡板	陡板条石表面局部泛霜 4.1m²	毛细水上升作用,可溶性盐溢出	病害类型:材料病害;病害鉴定;等级:b 级	维持现状、加强维护
阶基散水	44	方砖散水	散水方砖断裂 1块	长期人为踩踏,雨水淋渗侵蚀,冻融循环作用,材料酥碱至断裂	病害类型:材料病害;病害鉴定;等级:a 级	维持现状、加强维护

3.2　墙体、门窗

部位	编号	构件名称/构造做法		保存现状		病害原因分析	病害类型界定及程度评估	南立面图	北立面图	处理建议
门窗	1	窗扇表面红色油饰		木构件表面油饰存在龟裂现象		材料老化、温湿度变化导致油饰龟裂	病害类型：材料病害；病害鉴定等级：b级			维持现状、加强维护
	2	门扇表面红色油饰		木构件表面油饰存在点状龟裂现象，局部脱落 0.1m²		材料老化、温湿度变化导致油饰龟裂，直至引起局部脱落	病害类型：材料病害；病害鉴定等级：b级			维持现状、加强维护
	3	窗扇表面红色油饰		木构件表面油饰局部龟裂，起甲 1.1m²		材料老化、温湿度变化导致油饰龟裂，起甲	病害类型：材料病害；病害鉴定等级：b级			维持现状、加强维护
	4	门扇表面红色油饰		木构件表面油饰局部龟裂、起甲脱落 0.3m²		材料老化、温湿度变化导致油饰龟裂，直至引起局部脱落	病害类型：材料病害；病害鉴定等级：b级			维持现状、加强维护
墙体	5	墙体上身表面红色油饰		墙面油饰局部可见污渍 3.1m²		长时间环境中灰尘飘落、积累形成污渍	病害类型：材料病害；病害鉴定等级：b级			维持现状、加强维护

部位	编号	构件名称/构造做法	保存现状	病害原因分析	病害类型界定及程度评估	处理建议
门窗	6	木板壁表面红色油饰	木板壁表面油饰龟裂、起甲 4.3m²	材料老化、温湿度变化导致油饰龟裂、起甲	病害类型:材料病害；病害鉴定等级:c级	维持现状，加强维护
墙体	7	墙体上身麦草泥打底、油饰抹面	墙体上身抹灰脱落 0.1m²	材料自身缺陷、老化、墙面冻融循环作用	病害类型:材料病害；病害鉴定等级:b级	维持现状，加强维护
墙体	8	墙体上身麦草泥打底、油饰抹面	墙体上身抹灰脱落 0.1m²	材料自身缺陷、老化、墙面冻融循环作用	病害类型:材料病害；病害鉴定等级:b级	维持现状，加强维护

东立面图

部位	编号	构件名称/构造做法	保存现状	病害原因分析	病害类型界定及程度评估	处理建议	西立面图
墙体	9	条石砌筑下碱，墙体上身麦草泥打底，油饰抹面	墙体上身抹灰脱落 0.5m²	材料自身缺陷、老化、墙面冻融循环作用	病害类型：材料病害；病害鉴定等级：b级	维持现状、加强维护	
墙体	10	条石砌筑下碱，墙体上身麦草泥打底，油饰抹面	墙体上身抹灰脱落 2.6m²	材料自身缺陷、老化、墙面冻融循环作用	病害类型：材料病害；病害鉴定等级：c级	维持现状、加强维护	
门窗	11	木板壁表面红色油饰	木板壁表面局部油饰起甲、龟裂 1.8m²	材料自身老化、温湿度变化及冻融循环作用	病害类型：材料病害；病害鉴定等级：c级	维持现状、加强维护	

3.3 铺作

部位	编号	构件名称/构造做法	保存现状	病害原因分析	病害类型界定及程度评估	处理建议	南立面图
转角铺作	1	栌斗、交互斗、平盘斗、散斗、小栱头、瓜子栱、令栱、慢栱、角华栱、泥道栱、角昂、由昂	昂头、耍头表面劈裂，裂纹5条；木构件表面可见虫洞	木构件受温湿度变化作用及雨水侵蚀作用，用使木材劈裂	病害类型：材料病害；病害鉴定等级：d级	维持现状、定期监测，后期根据病害发展情况，判断是否实施防虫处理	
补间铺作	2	栌斗、交互斗、散斗、令栱、泥道栱、瓜子栱、慢栱、昂	木构件表面可见水渍痕迹，微小的裂纹3条	雨水下渗至木构件表面留下痕迹；木构件受温湿度变化作用及雨水侵蚀作用	病害类型：材料病害；病害鉴定等级：c类	维持现状、定期监测	
柱头铺作	3	栌斗、交互斗、散斗、令栱、泥道栱、瓜子栱、慢栱、昂	昂头腐朽，耍头底部可见2条裂纹，木构件表面可见虫洞	木构件受温湿度变化作用及雨水侵蚀作用，用使木材劈裂；白蚁活动影响	病害类型：材料病害；病害鉴定等级：d级	维持现状、定期监测，后期根据病害发展情况，判断是否实施防虫处理	
补间铺作	4	栌斗、交互斗、散斗、令栱、泥道栱、瓜子栱、慢栱、昂	昂头表面轻微腐朽	雨水侵蚀木材腐朽	病害类型：材料病害；病害鉴定等级：b级	维持现状、定期监测	
补间铺作	5	栌斗、交互斗、散斗、令栱、泥道栱、瓜子栱、慢栱、昂	昂头、耍头表面可见3条裂纹，木构件表面可见虫洞	木构件受温湿度变化作用及雨水侵蚀作用，用使木材腐朽；白蚁活动影响	病害类型：材料病害；病害鉴定等级：b级	维持现状、定期监测，后期根据病害发展情况，判断是否实施防虫处理	
柱头铺作	6	栌斗、交互斗、散斗、令栱、泥道栱、瓜子栱、慢栱、昂	昂头表面轻微腐朽	雨水侵蚀使木材腐朽	病害类型：材料病害；病害鉴定等级：b级	维持现状、定期监测	

注：初祖庵大殿南立面面铺作表面约90%油饰脱落；病害类型：材料病害；病害鉴定等级：d级。

部位	编号	构件名称/构造做法	保存现状	病害原因分析	病害类型界定及程度评估	处理建议	南立面图
补间铺作	7	栌斗、交互斗、散斗、耍头、令栱、泥道栱、瓜子栱、慢栱、昂	昂头表面轻微腐朽，木构件表面可见虫洞	雨水侵蚀使木材腐朽；白蚁活动影响	病害类型：材料病害；病害鉴定等级：d级	维持现状，定期监测，后期根据病害发展情况，判断是否实施防虫处理	
转角铺作	8	栌斗、交互斗、平盘斗、散斗、小栱头、瓜子栱、令栱、慢栱、角栱、华栱、泥道栱、角昂、由昂	耍头底部可见裂纹，木构件表面可见虫洞	木构件受温湿度变化作用及雨水侵蚀作用使木材劈裂；白蚁活动影响	病害类型：材料病害；病害鉴定等级：d级	维持现状，定期监测，后期根据病害发展情况，判断是否实施防虫处理	

注：初祖庵大殿南立面铺作表面约90%油饰脱落，病害类型：材料病害，病害鉴定等级：d级。

部位	编号	构件名称/构造做法	保存现状	病害原因分析	病害类型界定及程度评估	处理建议
补间铺作	9	栌斗、交互斗、散斗、泥道栱、瓜子栱、慢栱、昂	木构件表面可见虫洞	白蚁活动影响	病害类型:材料病害;病害定级等级:d级	维持现状、定期监测,后期根据病害发展情况,判断是否实施病虫害处理
柱头铺作	10	栌斗、交互斗、散斗、泥道栱、瓜子栱、令栱、慢栱、昂	昂头表面轻微老化	木构件表面风化及冻融循环作用	病害类型:材料病害;病害定级等级:b级	维持现状、定期监测
补间铺作	11	栌斗、交互斗、散斗、泥道栱、瓜子栱、令栱、慢栱、昂	木构件表面可见虫洞	白蚁活动影响	病害类型:材料病害;病害定级等级:d级	维持现状、定期监测,后期根据病害发展情况,判断是否实施病虫害处理
柱头铺作	12	栌斗、交互斗、散斗、泥道栱、瓜子栱、令栱、慢栱、昂	木构件表面可见虫洞	白蚁活动影响	病害类型:材料病害;病害定级等级:d级	维持现状、定期监测,后期根据病害发展情况,判断是否实施病虫害处理
补间铺作	13	栌斗、交互斗、散斗、泥道栱、瓜子栱、令栱、慢栱、昂	木构件表面可见虫洞	白蚁活动影响	病害类型:材料病害;病害定级等级:d级	维持现状、定期监测,后期根据病害发展情况,判断是否实施病虫害处理
转角铺作	14	栌斗、交互斗、小栱头、平盘斗、散斗、令栱、慢栱、瓜子栱、华栱、泥道栱、角栱、角昂、由昂	木构件表面裂纹2条	木构件受温湿度变化作用及雨水侵蚀作用使木材劈裂	病害类型:材料病害;病害定级等级:b级	维持现状、定期监测

东立面图

注:初祖庵大殿东立面铺作表面约90%油饰脱落,病害类型:材料病害;病害鉴定等级:d级。

部位	编号	构件名称/构造做法	保存现状	病害原因分析	病害类型界定及程度评估	北立面图	处理建议
补间铺作	15	栌斗、交互斗、散斗、耍头、令栱、泥道栱、瓜子栱、慢栱、昂	昂头腐朽，耍头底部可见裂纹2条，木构件表面可见虫洞	木构件受温湿度变化作用及雨水侵蚀作用使木材劈裂腐朽；白蚁活动影响	病害类型：材料病害；病害鉴定等级：d级		维持现状、定期监测、后期根据病害发展情况、判断是否实施防虫处理
柱头铺作	16	栌斗、交互斗、散斗、耍头、令栱、泥道栱、瓜子栱、慢栱、昂	耍头头部腐朽，木构件表面可见虫洞	木构件受温湿度变化作用及雨水侵蚀作用使木材劈裂腐朽；白蚁活动影响	病害类型：材料病害；病害鉴定等级：d级		维持现状、定期监测、后期根据病害发展情况、判断是否实施防虫处理
补间铺作	17	栌斗、交互斗、散斗、耍头、令栱、泥道栱、瓜子栱、慢栱、昂	昂底部腐朽，可见裂纹1条，木构件表面可见虫洞	木构件受温湿度变化作用及雨水侵蚀作用使木材劈裂腐朽；白蚁活动影响	病害类型：材料病害；病害鉴定等级：d级		维持现状、定期监测、后期根据病害发展情况、判断是否实施防虫处理
补间铺作	18	栌斗、交互斗、散斗、耍头、令栱、泥道栱、瓜子栱、慢栱、昂	昂头表面轻微腐朽	雨水侵蚀使木构件腐朽	病害类型：材料病害；病害鉴定等级：b级		维持现状、定期监测
柱头铺作	19	栌斗、交互斗、散斗、耍头、令栱、泥道栱、瓜子栱、慢栱、昂	栌斗、昂底部可见裂纹1条	木构件受温湿度变化作用使木材劈裂	病害类型：材料病害；病害鉴定等级：b级		维持现状、定期监测
补间铺作	20	栌斗、交互斗、散斗、耍头、令栱、泥道栱、瓜子栱、慢栱、昂	昂头表面轻微老化	木构件表面风化及冻融循环作用	病害类型：材料病害；病害鉴定等级：b级		维持现状、定期监测

注：初祖庵大殿北立面表面约90%油饰脱落。病害类型：材料病害；病害鉴定等级：d级。

部位	编号	构件名称/构造做法	保存现状	病害原因分析	病害类型界定及程度评估	处理建议	西立面图
转角铺作	21	栌斗、交互斗、平盘斗、散斗、小栱头、瓜子栱、令栱、慢栱、角华栱、华栱、泥道栱、角昂、由昂	昂头表面轻微老化	木构件表面风化及冻融循环作用	病害类型：材料病害；病害鉴定等级：b级	维持现状、定期监测	
补间铺作	22	栌斗、交互斗、散斗、要头、令栱、泥道栱、瓜子栱、慢栱、昂	昂头腐朽、华栱可见2条裂纹、木构件表面可见虫洞	木构件受雨水侵蚀作用使木材腐朽、劈裂；白蚁活动影响	病害类型：材料病害；病害鉴定等级：d级	维持现状、后期根据病害发展情况，判断是否实施防虫处理	
柱头铺作	23	栌斗、交互斗、散斗、瓜子栱、要头、令栱、泥道栱、子栱、慢栱、昂	木构件表面可见虫洞	白蚁活动影响	病害类型：材料病害；病害鉴定等级：d级	维持现状、后期根据病害发展情况，判断是否实施防虫处理	
补间铺作	24	栌斗、交互斗、散斗、瓜子栱、要头、令栱、泥道栱、子栱、慢栱、昂	昂底部可见2条裂纹、木构件表面可见虫洞	木构件受雨水侵蚀作用使木材腐朽、劈裂；白蚁活动影响	病害类型：材料病害；病害鉴定等级：d级	维持现状、后期根据病害发展情况，判断是否实施防虫处理	
柱头铺作	25	栌斗、交互斗、散斗、瓜子栱、要头、令栱、泥道栱、子栱、慢栱、昂	昂头底部可见1条裂纹	木构件受雨水侵蚀作用使木材劈裂	病害类型：材料病害；病害鉴定等级：b级	维持现状、定期监测	
补间铺作	26	栌斗、交互斗、散斗、瓜子栱、要头、令栱、泥道栱、子栱、慢栱、昂	昂头底部可见裂纹	木构件受雨水侵蚀作用使木材劈裂；白蚁活动影响	病害类型：材料病害；病害鉴定等级：b级	维持现状、定期监测	

注：初祖庵大殿西立面约90%油饰脱落，病害类型：材料病害；病害鉴定等级：d级。

3.4 梁架

部位	编号	构件名称/构造做法	保存现状	病害原因分析	病害类型界定及程度评估	处理建议
梁架	1	栿、方、槫、铺作内侧	木构件表面普遍存在水渍现象	雨水下渗至槫梁架，风干后留有痕迹	病害类型：材料病害；病害鉴定等级：b级	维持现状、定期监测
	2	铺作内侧	木构件弯曲，倾斜	木构件老化受上部荷载作用，材料变形、弯曲	病害类型：构造病害；病害鉴定等级：b级	维持现状、定期监测
	3	栿、方、槫	栿身劈裂，裂缝长 1.1cm，宽 0.8cm	因温湿度变化，木材的表层含水率差异大，表层的拉应力使表层撕裂	病害类型：构造病害；病害鉴定等级：c级	维持现状、定期监测
	4	栿、方、槫	槫下方与蜀柱连接处脱榫 2cm	构件连接性能降低，木构件受拉应力产生移位	病害类型：构造病害；病害鉴定等级：b级	维持现状、定期监测
	5	铺作内侧	木构件表面普遍存在水渍现象	雨水下渗至槫梁架，风干后留有痕迹	病害类型：材料病害；病害鉴定等级：c级	维持现状、定期监测
	6	铺作内侧	木构件有明显腐朽现象，腐朽 2处	木材长期处在潮湿状态下，真菌侵害所致	病害类型：材料病害；病害鉴定等级：b级	维持现状、定期监测

梁架仰视图

注：初祖庵大殿室内梁架表面约 90%油饰、彩画脱落、变色，病害类型：材料病害；病害鉴定等级：d级。

部位	编号	构件名称/构造做法	保存现状	病害原因分析	病害类型界定及程度评估	处理建议
梁架	7	栿、方、槫、铺作内侧	木构件表面老化 1.3m²	因温湿度变化，自然营力作用	病害类型：材料病害；病害鉴定等级：b级	维持现状，定期监测
	8	阑额	阑额劈裂，裂缝长 1.3cm，宽 0.5cm	因温湿度变化，木材的表层含水率差异大，表层撕裂	病害类型：构造病害；病害鉴定等级：c级	维持现状，定期监测
	9	栿、方、槫、铺作内侧	木构件表面普遍存在水渍现象	雨水下渗至梁架，风干后留有痕迹	病害类型：材料病害；病害鉴定等级：c级	维持现状，定期监测
	10	栿、方、槫、铺作内侧	栿身下面可见 1 条裂纹及虫蛀现象；铺作内侧木构件有明显腐朽现象，腐朽 2 处	因温湿度变化，木材的表层含水率差异大，表层的拉应力使表层撕裂。木材长期处在潮湿状态下，真菌侵蚀所致。白蚁活动影响	病害类型：材料病害；病害鉴定等级：d级	维持现状，定期监测
			铺作昂表面可见虫蛀 2 处	白蚁活动影响	病害类型：材料病害；病害鉴定等级：b级	维持现状，后期根据病害发展情况，判断是否实施防虫处理
	11	栿、方、槫、铺作内侧	栿身下面可见 3 条裂纹及虫蛀现象	因温湿度变化，木材的表层含水率差异大，表层的拉应力使表层撕裂	病害类型：材料病害；病害鉴定等级：d级	维持现状，定期监测
	12	栿、方、槫	东侧后引栿表面腐朽 1.2m²，存在水渍现象	雨水下渗至梁架，风干后留有痕迹	病害类型：材料病害；病害鉴定等级：c级	维持现状，定期监测

梁架仰视图

注：初祖庵大殿室内梁架表面约 90% 油饰、彩画脱落、变色，病害类型：材料病害；病害鉴定等级：d级。

3.5 屋面

部位	编号	构件名称/构造做法	保存现状	病害原因分析	病害类型界定及程度评估	屋顶俯视图	处理建议
屋面	1	琉璃瓦屋面	屋面植物滋生3.7m²,屋面局部瓦件松动,勾头缺失4块	植物种子飘落及屋面雨水侵蚀,环境潮湿,滋生植物;植物根系破坏屋面及温度变化,泥背干缩粉化,瓦件自然缺失	病害类型:材料病害;病害鉴定 等级:b级		补配缺损瓦件,清理植被,定期监测
	2	琉璃瓦屋面	屋面植物滋生2.1m²,屋面瓦件松动,勾头缺失2块	植物种子飘落及屋面雨水侵蚀,环境潮湿,滋生植物;植物根系破坏屋面及温度变化,泥背干缩粉化,瓦件自然缺失	病害类型:材料病害;病害鉴定 等级:b级		补配缺损瓦件,清理植被,定期监测
	3	檐口木椽、连檐、勾头、滴水	木椽头腐朽,勾头缺失2块,瓦件松动,底灰脱落	植物根系破坏屋面及温湿度变化,瓦件松动,泥背干缩粉化,勾头下部无承托,瓦件自然缺失	病害类型:材料病害;病害鉴定 等级:b级		补配缺损瓦件,清理植被,定期监测
	4	檐口木椽、连檐、勾头、滴水	木椽头腐朽,勾头缺失2块,滴水缺失1块,瓦件底灰脱落,瓦件松动	木构件裸露,受太阳光照影响,使木材腐朽,瓦件自然缺失	病害类型:材料病害;病害鉴定 等级:b级		补配缺损瓦件,清理植被,定期监测
	5	檐口木椽、连檐、勾头、滴水	木椽头腐朽4根,勾头缺失1块,瓦件底灰脱落,瓦件松动,滴水缺失1块	木构件裸露,受太阳光照影响,使木材腐朽及雨水侵蚀等自然环境影响,瓦件自然缺失	病害类型:材料病害;病害鉴定 等级:b级		补配缺损瓦件,清理植被,定期监测
	6	檐口木椽、连檐、勾头、滴水	木椽头腐朽,勾头缺失1块,滴水缺失1块	木构件裸露,受太阳光照影响及木材腐朽;雨水侵蚀,泥背干缩粉化,瓦件自然缺失	病害类型:材料病害;病害鉴定 等级:b级		补配缺损瓦件,清理植被,定期监测

部位	编号	构件名称/构造做法	保存现状	病害原因分析	病害类型界定型及程度评估	处理建议	屋顶俯视图
屋面	7	檐口木椽、木连檐、勾头、滴水	连檐腐朽断裂 1 处，底灰脱落，瓦件松动	木构件受温湿度变化，导致泥背干缩，瓦件松动	病害类型：材料病害；病害鉴定 等级：d 级	保持现状，定期监测	
	8	檐口木椽、木连檐、勾头、滴水	木基层受潮，檐口下沉 2cm，木椽头腐朽 8 根，椽子受压弯曲	材料自身老化，椽子长时间受上部荷载导致木基层下沉，木构件裸露，受太阳光照及雨水侵蚀等自然环境影响，使木材腐朽	病害类型：构造病害；病害鉴定 等级：d 级	保持现状，定期监测	
	9	琉璃瓦屋面	屋面长有大量植物，屋面瓦件松动，勾头缺失 4 块	植物种子飘落，屋面雨水侵蚀，环境潮湿，滋生植物；植物根系破坏环屋面及温湿度变	病害类型：材料病害；病害鉴定 等级：c 级	补配缺失勾头瓦，清理植被，定期监测	
	10	琉璃瓦屋面	屋面长有大量植物，屋面瓦件松动，勾头缺失 8 块	化，泥背干缩粉化，瓦件自然松动、缺失	病害类型：材料病害；病害鉴定 等级：c 级	补配缺失勾头瓦，清理植被，定期监测	
	11	脊兽	屋面一对脊兽表面可见污渍 0.1m²	自然环境影响	病害类型：材料病害；病害鉴定 等级：a 级	保持现状，加强维护	

部位	编号	构件名称、构造做法	保存现状	病害原因分析	病害类型界定及程度评估	屋顶俯视图 / 处理建议
屋面	12	檐口木椽、木连檐、勾头、滴水	木基层椽头腐朽6根	木构件受冻融循环产生温度应力，环境营力作用及雨水侵蚀作用使木材腐朽	病害类型：材料病害；病害鉴定等级：b级	更换、连檐，规整瓦件，定期监测
	13	檐口木椽、木连檐、勾头、滴水	木基层椽头腐朽7根，连檐表面轻微风化	木构件受冻融循环产生温度应力，环境营力作用及雨水侵蚀作用使木材腐朽	病害类型：材料病害；病害鉴定等级：b级	保持现状，定期监测
	14	檐口木椽、木连檐、勾头、滴水	木基层椽头腐朽4根	木构件受冻融循环产生温度应力，环境营力作用及雨水侵蚀作用使木材腐朽	病害类型：材料病害；病害鉴定等级：b级	保存现状，定期监测
	15	檐口木椽、木连檐、勾头、滴水	木基层椽头腐朽7根，连檐腐朽，断裂1处	木构件受冻融循环产生温度应力，环境营力作用及雨水侵蚀作用使木材腐朽	病害类型：材料病害；病害鉴定等级：d级	更换、连檐，定期监测
	16	檐口木椽、木连檐、勾头、滴水	木基层椽头腐朽5根，版栈表面腐朽0.4m²	木构件受冻融循环产生温度应力，环境营力作用及雨水侵蚀作用使木材腐朽	病害类型：材料病害；病害鉴定等级：b级	保存现状，定期监测
	17	檐口木椽、木连檐、勾头、滴水	檐口植物滋生，屋面瓦件松动，勾头缺失4块	植物种子飘落及屋顶雨水侵蚀，环境潮湿、滋生植物；植物根系破坏环屋面及温度湿度变化，泥背干缩粉化。瓦件自然松动，缺失	病害类型：材料病害；病害鉴定等级：b级	补配缺失勾头瓦，清理植被，定期监测

注：初祖庵大殿室内外木基层版栈面约70%存在水渍现象，木基层潮湿，木基层版栈面；病害类型：构造病害；病害鉴定等级：d级。

3.6 壁画

部位	编号	构件名称/构造做法		保存现状		病害原因分析		病害类型界定及程度评估	西内立面图	东内立面图 处理建议
墙体	1	壁画		壁画彩绘变色、龟裂、脱落、表面可见污渍		材料自身老化;长期受温湿度变化影响;颜料层逐步脱落、表面长时间形成大气灰尘飘落污渍		病害类型:材料病害;病害鉴定 等级:d级		保养为主;定期监测
	2	壁画		壁画彩绘变色、龟裂、脱落、表面可见污渍		材料自身老化;长期受温湿度变化影响;颜料层逐步脱落、表面长时间形成大气灰尘飘落污渍		病害类型:材料病害;病害鉴定 等级:d级		保养为主;定期监测
	3	壁画		壁画彩绘变色、脱落		材料自身老化;长期受温湿度变化影响;颜料层逐步脱落		病害类型:材料病害;病害鉴定 等级:c级		保养为主;定期监测
	4	壁画		壁画彩绘变色、脱落		材料自身老化;长期受温湿度变化影响;颜料层逐步脱落		病害类型:材料病害;病害鉴定 等级:c级		保养为主;定期监测

附录

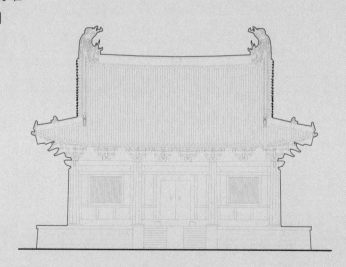

附录 A 现状勘测图纸

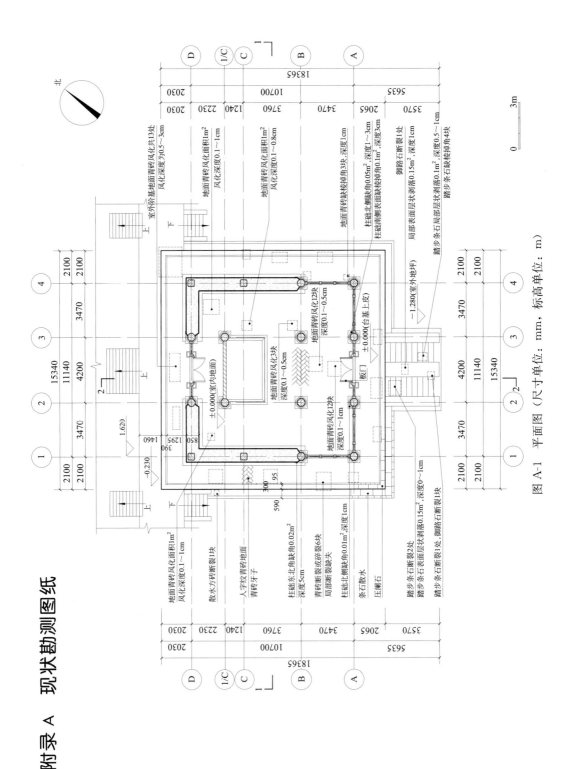

图 A-1 平面图（尺寸单位：mm，标高单位：m）

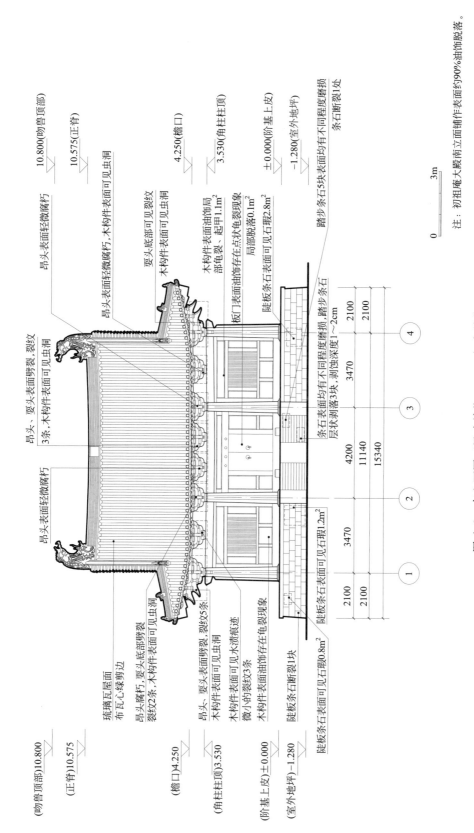

图 A-2 南立面图（尺寸单位：mm，标高单位：m）

74

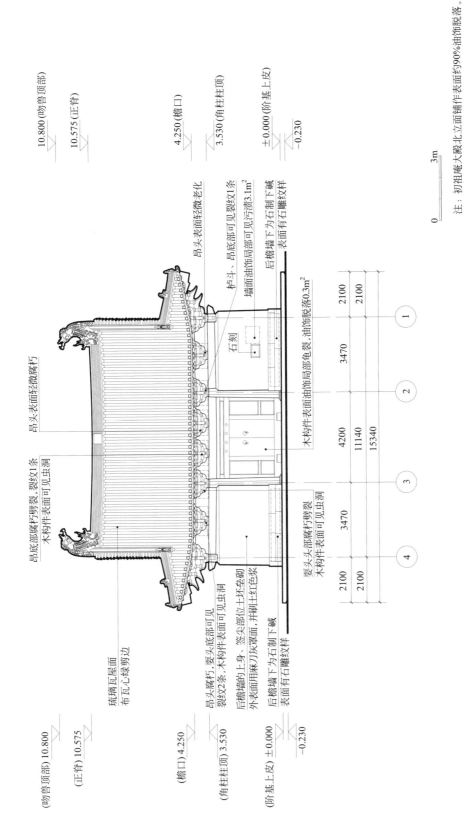

注：初祖庵大殿北面立面铺作表面约90%油饰脱落。

0 _____ 3m

图 A-3 北立面图 (尺寸单位：mm，标高单位：m)

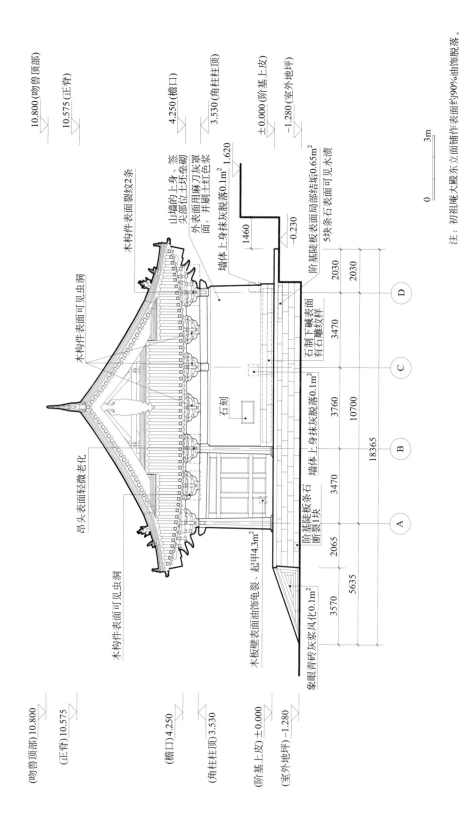

图 A-4 东立面图（尺寸单位：mm，标高单位：m）

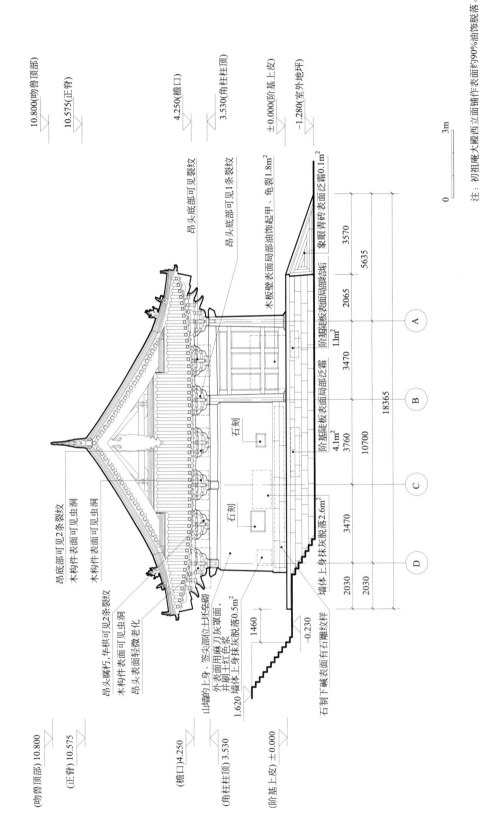

图 A-5　西立面图（尺寸单位：mm，标高单位：m）

注：初祖庵大殿西立面铺作表面约90%油饰脱落。

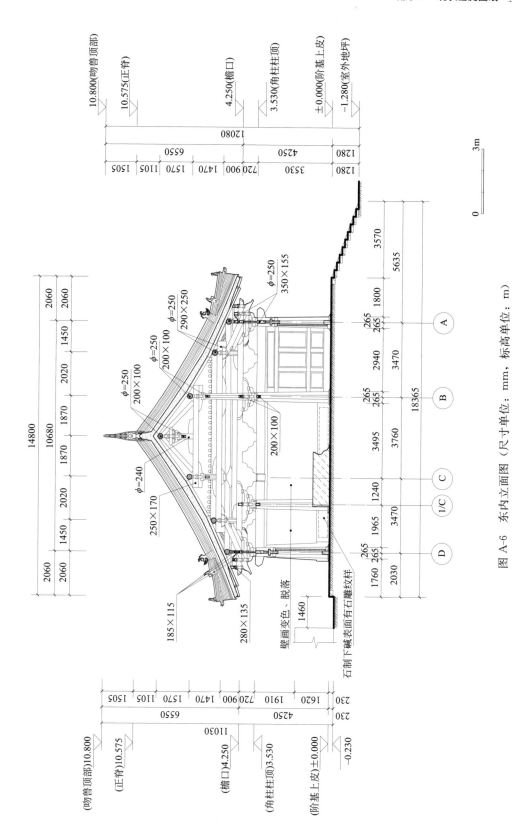

图 A-6　东内立面图（尺寸单位：mm，标高单位：m）

77

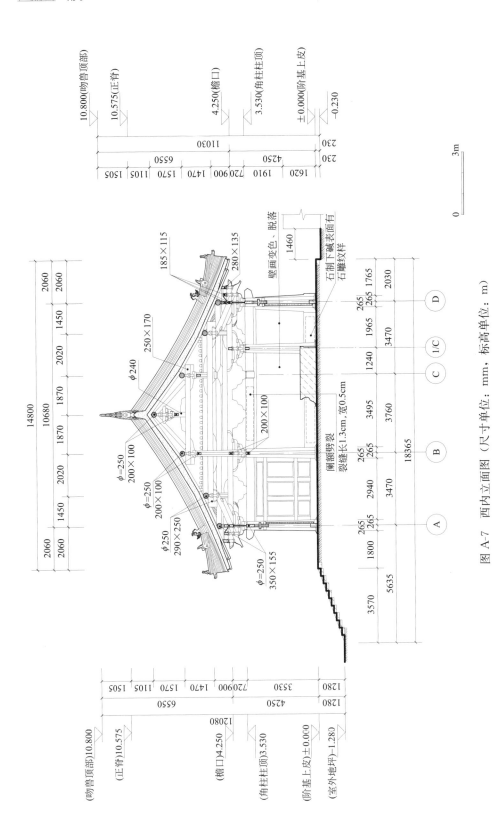

图 A-7 西内立面图 (尺寸单位: mm, 标高单位: m)

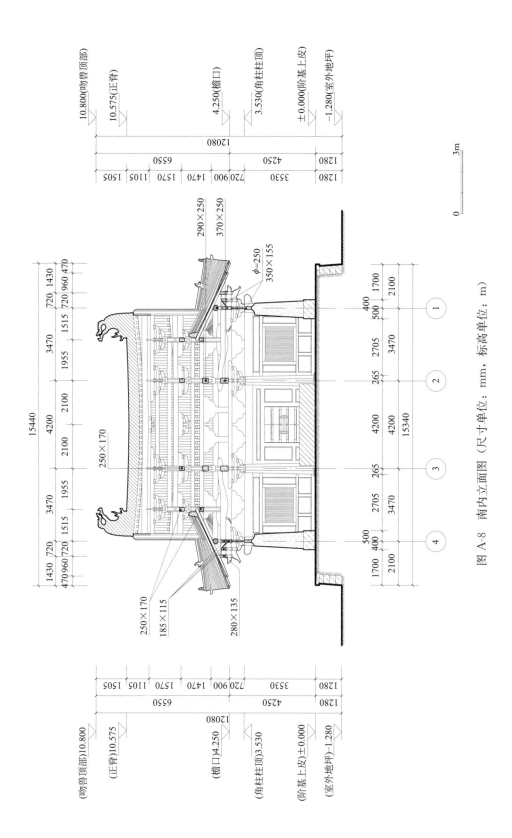

图 A-8 南内立面图（尺寸单位：mm，标高单位：m）

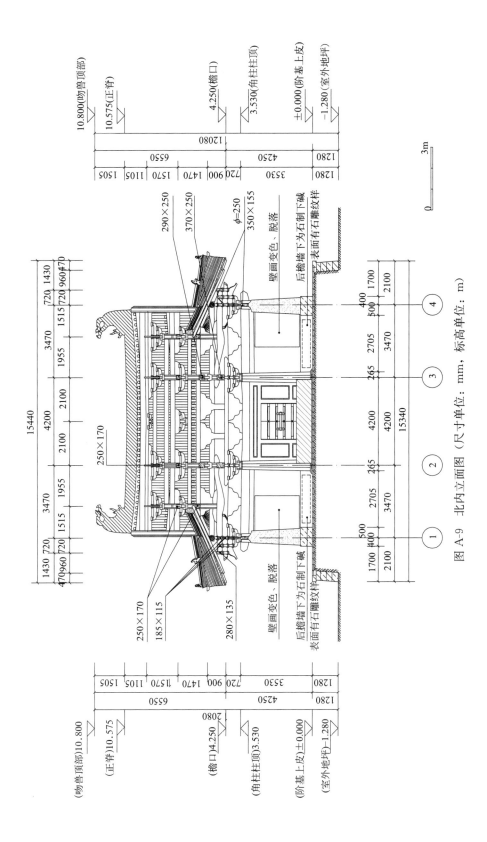

图 A-9　北内立面图（尺寸单位：mm，标高单位：m）

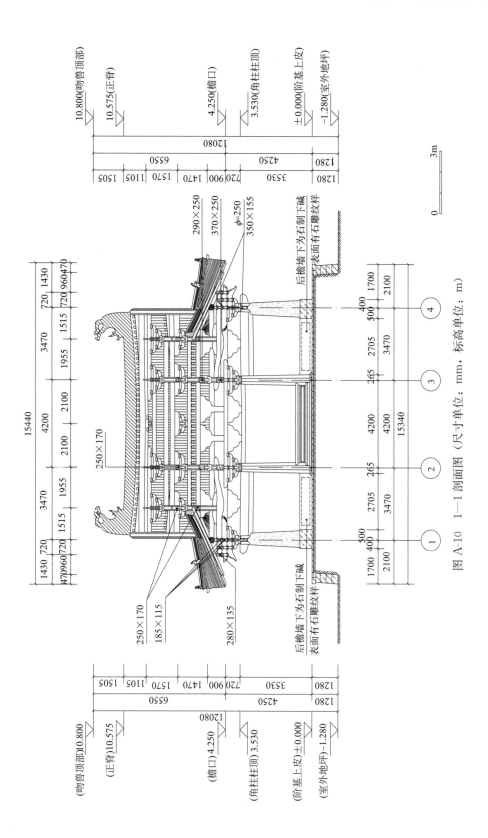

图 A-10 1—1 剖面图（尺寸单位：mm，标高单位：m）

81

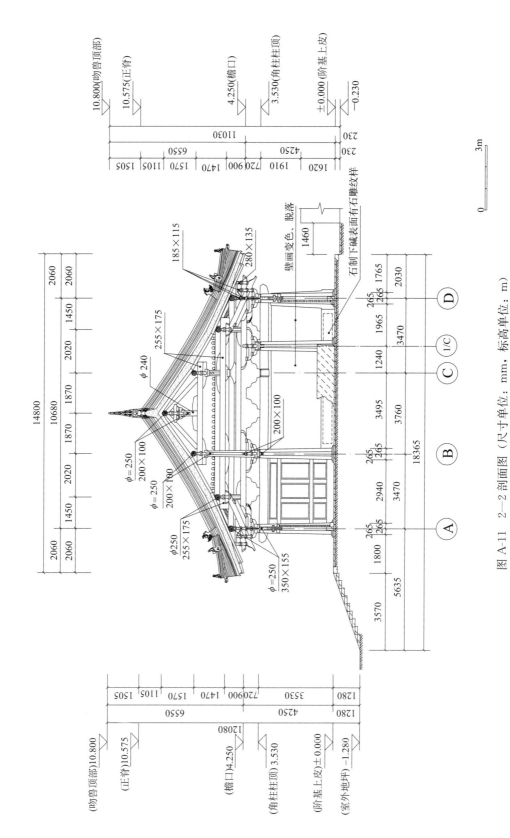

图 A-11　2—2 剖面图（尺寸单位：mm，标高单位：m）

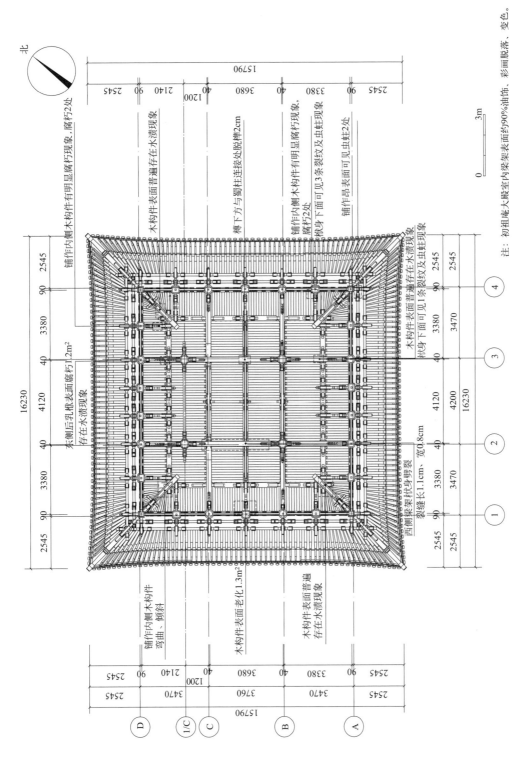

图 A-12　梁架仰视图（尺寸单位：mm，标高单位：m）

注：初祖庵大殿室内梁架表面约90%油饰、彩画剥落、变色。

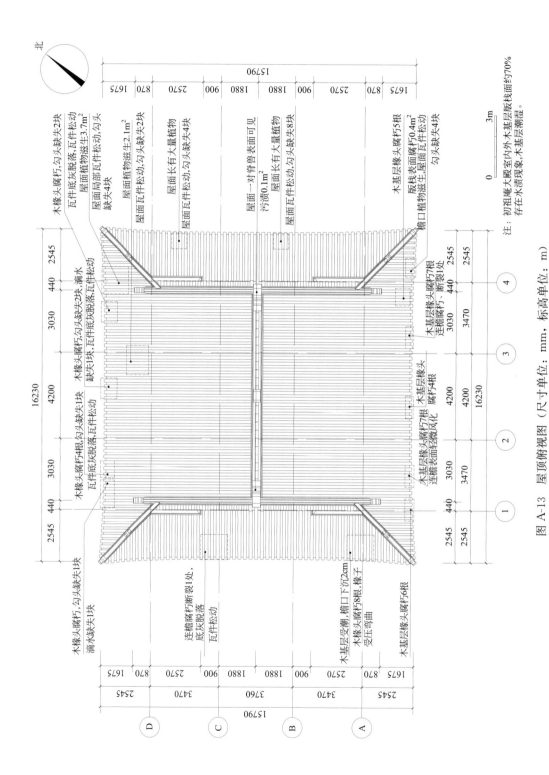

图 A-13 屋顶俯视图 (尺寸单位：mm，标高单位：m)

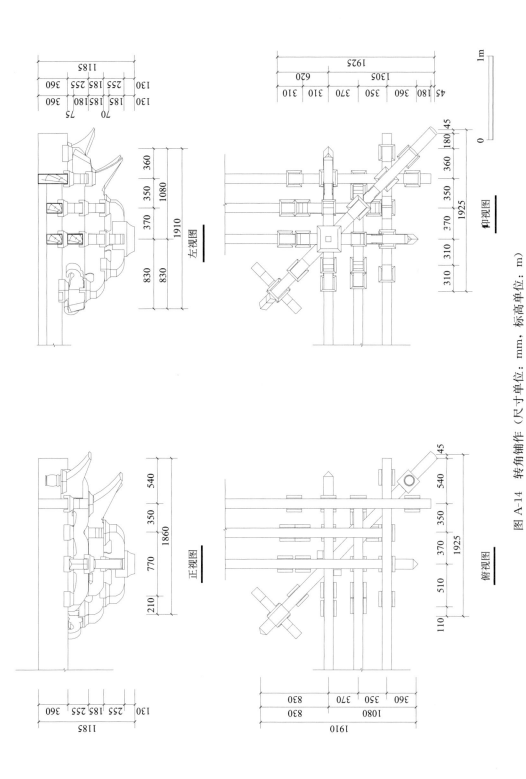

图 A-14 转角铺作（尺寸单位：mm，标高单位：m）

左视图

正视图

俯视图

仰视图

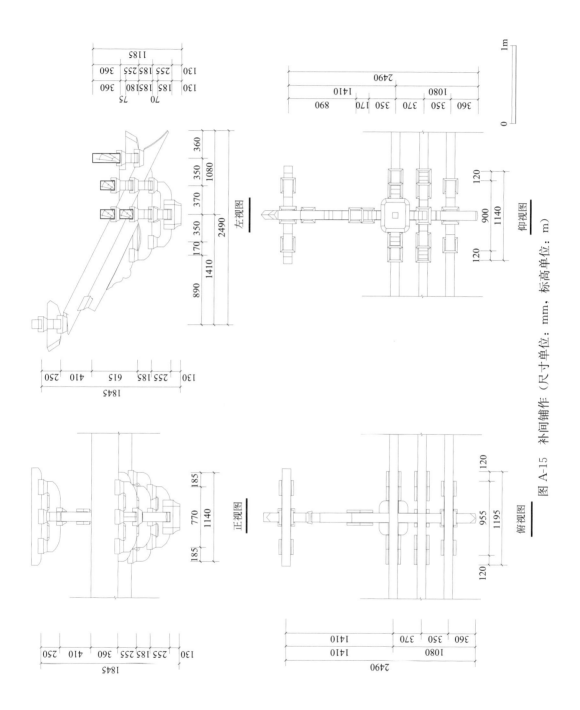

图 A-15 补间铺作（尺寸单位：mm，标高单位：m）

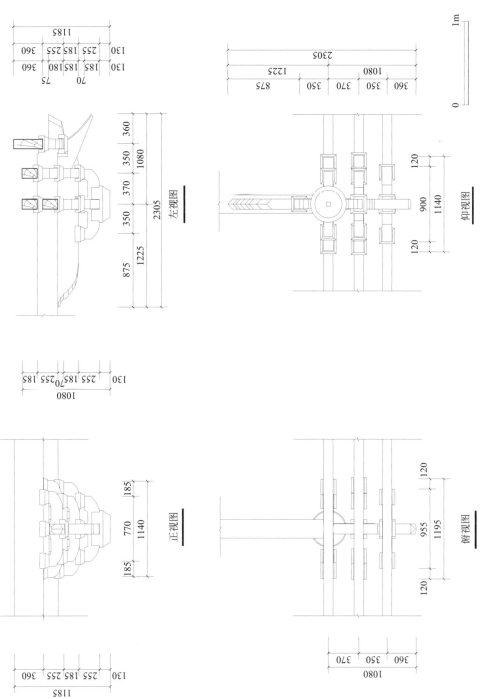

图 A-16 柱头铺作（尺寸单位：mm，标高单位：m）

附录 B　点云图纸

图 B-1　平面图

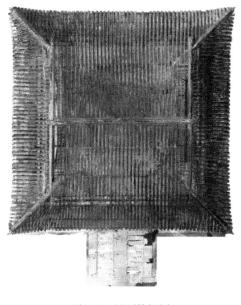

图 B-2　屋顶俯视图

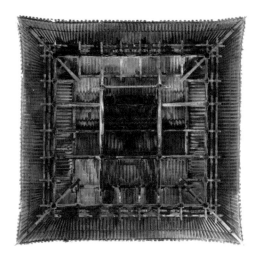

图 B-3　梁架仰视图

图 B-4　南立面图

图 B-5　北立面图

图 B-6　东立面图

图 B-7　西立面图

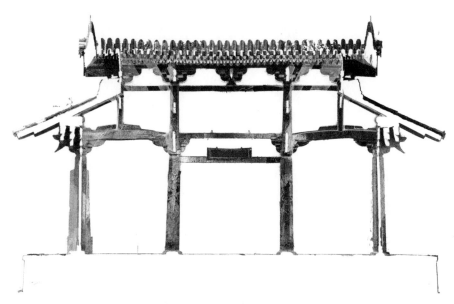

图 B-8 纵剖面图

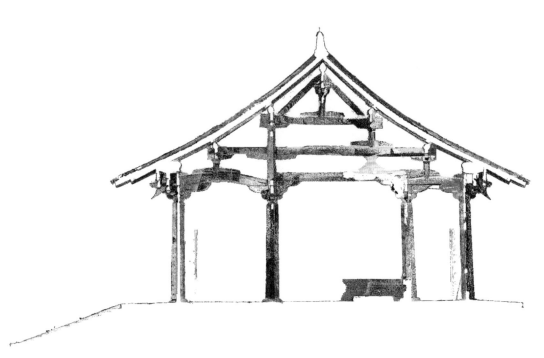

图 B-9 横剖面图

附录 C 木构架静力分析[1]

1. 大殿基本尺寸

通过现场实测和相关历史资料的查询，得到了初祖庵大殿的基本结构尺寸。

初祖庵大殿面阔和进深各三间，平面近似正方形，通面阔 11.14m，通进深 10.70m，通高 10.75m，总面积约为 226m²。通面阔包括明间及东、西两次间，明间面宽 4.20m，次间面宽 3.47m；通进深包括明间及南、北两次间，明间进深 3.76m，次间进深 3.47m，平面图如图 C-1 所示。大殿的整个木构架承重体系由 16 根八角形石柱支撑，包括 12 根檐柱和 4 根金柱。檐柱高 3.60m，从下往上各梁架层间的垂直距离分别为 0.55m、1.66m、1.44m，剖面图如图 C-2 所示。

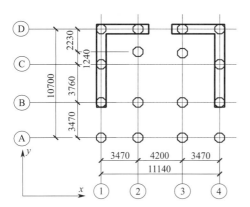

图 C-1 初祖庵大殿平面图（单位：mm）　　　图 C-2 初祖庵大殿横向剖面图（单位：mm）

本研究采用有限元数值模拟方法对其进行了结构计算，根据计算结果分析了结构受力变形特征，找出了木构架的薄弱部位，为后期结构监测点的布置提供理论支持。研究成果主要从变形和内力两条主线进行汇总。

木构架有限元模型中各基本构件的尺寸以实测数据为准，稍加调整后汇总，见表 C-1。

模型中各基本构件截面尺寸（单位：mm）　　　　　　　　表 C-1

构件名称	模型取值		构件名称	模型取值	
	直径/宽度	高度		直径/宽度	高度
上金柱	300	—	平梁	230	260
蜀柱	230	—	前檐劄牵	120	260
三椽栿(上)	230	350	阑额	120	330
三椽栿(下)	260	270	槫	250	—
乳栿	230	250	椽子	90	—
檐柱	480	—	丁栿	230	230

---

[1] 内容摘自：刘超文. 初祖庵大殿结构及抗震性能分析 [D]. 郑州：郑州大学，2018.

2. 变形方面

1）屋盖

屋盖总位移最大值出现在屋盖翼角最外侧四个角点部位，最大值为 13.63mm（图 C-3）。屋盖翼角总位移变化规律比较明显，沿角点从外到内，位移值大致呈均匀速率逐步减小，故翼角是屋盖的一个薄弱部位。

明间后平槫上部屋盖位移较大，位移值为 9～10mm，而前平槫上部屋盖位移值为 4～5mm，前者大约是后者的 2 倍。故明间后平槫上部屋盖成为屋盖的另一个薄弱部位，应重点检查其塌陷的范围和程度。

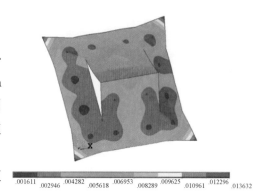

.001611　.002946　.004282　.005618　.006953　.008289　.009625　.010961　.012296　.013632

图 C-3　屋盖总位移云图

2）槫

槫相对屋盖位移值较小，各槫的最大位移均出现在跨中位置，提取各槫跨中各向位移如图 C-4 所示。由图可知，各槫跨中位移以竖向位移为主、水平方向次之，而沿槫轴向方向位移很小，几乎为零。

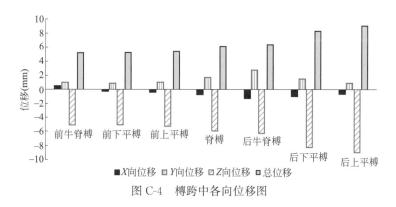

图 C-4　槫跨中各向位移图

前后槫的跨中位移对比较为明显，规律与前后屋盖位移相似。其中后上平槫跨中位移最大，为 9.06mm，后下平槫跨中位移较大，为 8.33mm。

3）木构架

提取木构架总位移如图 C-5 所示，由图可知，木构架相对屋盖位移值较小，主要以平面内弯曲变形为主，最大值出现在上下后三椽栿及与之相连的蜀柱。

3. 内力方面

1）槫

后上平槫在静力作用下 Y 向、Z 向的剪力和弯矩如图 C-6、图 C-7 所示。由图可知，

.266E-05　.001898　.003794　.00569　.007586
.951E-03　.002846　.004742　.006638　.008534

图 C-5　轴线木构架总位移图

在竖向荷载作用下，后上平槫的 Y 向和 Z 向的剪力大致呈线性变化，且弯矩大致呈抛物线形，后上平槫跨中和端部弯矩较大。靠近后上平槫端部剪力较大，容易出现剪力集中现象，产生斜向裂缝，故后上平槫端部是木构架的一个薄弱部位。在后期结构监测中，应主要关注后平槫端部位置，及时检查其有无槽朽和开裂现象出现，必要时进行更换。

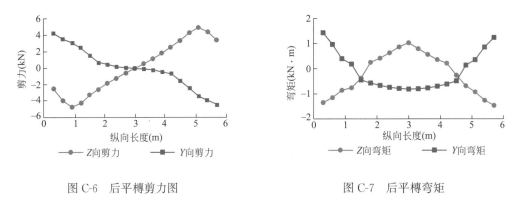

图 C-6　后平槫剪力图　　　　　　　　　图 C-7　后平槫弯矩

2）木构架

木构架是大殿结构的主要承重部分，由分析结果可知明间东西缝梁架受力最大，因此提取这一榀构架进行内力分析。

（1）轴力分析

由图 C-8 可知，在柱类构件中，所有柱轴力均表现为压力。在结构 Y 轴方向，以两侧檐柱轴力最大，其次为前金柱，其最大值分别为 148kN 和 74kN；在结构 Z 轴方向，柱轴力表现为从上到下逐渐增大。在下三椽栿上安装的蜀柱中，后蜀柱轴力为 25kN，前蜀柱轴力为 8kN，后蜀柱轴力为前蜀柱轴力的 3 倍左右。这是由于后金柱向后移动，导致平梁传递来的荷载未能及时通过蜀柱传递到下方金柱，导致后蜀柱承担了大部分荷载。

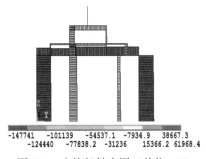

图 C-8　木构架轴力图（单位：N）

相对柱类构件，梁类构件轴力较小，其中下三椽栿和乳栿轴力最大，其最大值分别为 62kN 和 58kN，均以剪力形式作用于柱顶铺作并向下传递，容易造成铺作劈裂和歪闪现象。在后期结构监测中，应着重注意柱头铺作是否出现上述病害，必要时进行维修和更换构件。

（2）弯矩分析

由图 C-9 可知，在柱类构件中，石柱底部弯矩为零，沿柱高从下到上逐渐增大，其中后金柱柱顶弯矩最大，弯矩值为 7.94kN·m。这是由于柱子底部采用铰接方式，故弯矩值为零；顶部通过铺作与梁架连接，铺作具有一定的半刚性特性，对柱顶的转动有一定约束作用，且由于后金柱向后移动，导致其承受荷载较大，故最大弯矩值出现在后金柱顶部。

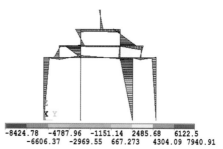

图 C-9　木构架弯矩图（单位：N·m）

与柱弯矩相比，梁弯矩一般较小，其中以平梁弯矩较大，弯矩值为 1.16kN·m，其次为前后乳栿，弯矩值为 0.75kN·m。由于木构架的举折制度和梁端半刚性连接的特点，弯矩被合理分配到梁的各个截面，有效地提高了梁的承载能力。

（3）剪力分析

由图 C-10 可知，剪力较大区域主要集中于柱类构件，剪力以明间三椽栿上蜀柱最大，后金柱次之。水平构件的剪力主要由纵向传力的槫承担，其剪力主要以压力形式传递给柱子，而横向梁架剪力一般较小，主要承担弯矩作用。

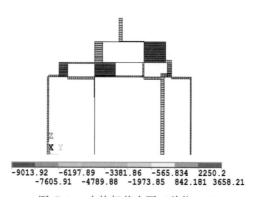

图 C-10　木构架剪力图（单位：N）

蜀柱直径较小，但其剪力较大，受剪承载力不足，极易形成横纹劈裂。蜀柱剪力通过榫头向下传递给梁类构件，但由于榫头截面较小，易造成应力集中；且榫头底部存在局部压力，容易导致蜀柱发生失稳破坏，故蜀柱是薄弱部位。在后期结构监测中，应注意蜀柱是否存在变形及失稳等问题，同时加大榫头截面尺寸，在蜀柱与梁连接处设置驼峰，减小应力集中，保护榫头。

（4）柱横截面最大应力

提取檐柱、金柱和蜀柱横截面最大应力，如图 C-11 所示，其中横坐标代表柱横截面距离地面高度。

由图可知，檐柱和金柱横截面最大应力随柱高变化较为稳定，基本均由轴向应力控制，仅在柱顶位置由轴向应力和弯曲应力共同控制。而前后金蜀柱上下应力变化较为明显，柱底和柱顶应力值均较小，最大应力值均基本出现在蜀柱中部，应力值分别为 3.8MPa 和 3.3MPa，由轴向应力和弯曲应力共同控制，其应力值均小于木材顺纹抗拉强

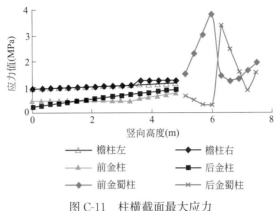

图 C-11　柱横截面最大应力

度设计值 10.0MPa。但由于木材材性受自然因素和人为因素影响而退化，其承载力遭到一定程度削弱，故在后期监测中应对蜀柱进行重点监测。

4. 结论

本研究以初祖庵大殿为研究对象，忽略围护墙体对木构架的影响，建立了大殿木构架体系的整体有限元模型，通过对其进行正常使用条件下的静力分析，找到了结构的薄弱部位，为后期结构监测和保护提供了科学证据支持。结论汇总如下：

（1）由于后金柱采用"移柱造"做法，导致明间后平槫和明间后屋盖变形较大；且屋盖翼角向外悬挑较大，竖向变形较大，是结构的薄弱部位。

（2）槫最大位移出现在跨中，且以竖向位移为主，后上平槫跨中和端部弯矩较大，且其端部剪力较大，应着重检测其跨中和端部位置。

（3）蜀柱截面小，受力大，易因木材强度较小而引起承载力不足，直接影响结构的安全可靠性，是柱类构件中的薄弱构件。

附录 D　结构及抗震性能分析[1]

采用有限元模拟方法，建立了初祖庵大殿木构架有限元模型，对其进行了模态分析和动力时程分析，得到了木构架的基本动力特性和不同水准地震作用下的动力响应情况，主要得到以下结论：

（1）木构架第 1 阶振型为水平纵向振动，其自振频率为 0.5253Hz，基本周期为 1.9037s，体现出结构的长周期特性和柔性特征；前 3 阶振型无局部振动等不良振型，结构平面布置较为合理。

（2）木构架在不同水准纵向地震作用下，随着地震作用的增强，木构架的水平位移逐渐增大；随着梁架层高度的增加，各梁架层的水平位移逐渐增大，且梁架层间的水平位移

---

❶　内容摘自：刘超文 . 初祖庵大殿结构及抗震性能分析［D］. 郑州：郑州大学，2018.

差值较为稳定。

（3）在纵向多遇地震作用下，木构架整体水平位移较小，振动状态较稳定，结构基本处于安全状态；在纵向设防地震作用下，木构架整体水平位移较大，且容易发生构件局部破坏，应注重梁柱节点的监测和加固；在纵向罕遇地震作用下，梁架层位移响应较大，容易导致梁柱节点处的榫卯破坏和铺作歪闪现象，甚至发生屋盖脱落现象。

（4）在横向多遇地震和设防地震作用下，木构架中前檐柱、前金柱、后金柱和后檐柱的振动较为一致，结构基本保持完好，但在罕遇地震作用下，各柱在地震过程中的振动不再具有一致性，结构整体性遭到破坏；各柱顶节点的加速度峰值随输入地震波加速度峰值的增大而增大，但在同一种地震波作用下，各柱顶节点的加速度时程曲线趋势基本一致。

（5）在同一水准的不同纵向地震波作用下，各梁架层的加速度峰值较为接近，且均随着梁架层高度的增高，各梁架层的加速度峰值逐渐减小；梁架整体的动力系数和各梁架层的动力系数均小于 1，表明榫卯和铺作结构对于木结构建筑的抗震性能方面起到了良好的耗能减震作用。

（6）在后期结构监测中，应对梁柱节点、榫卯节点、铺作节点等进行重点监测；同时在对结构的加固和保护中，应采取适当措施提高梁柱节点的刚度，改善木构架后侧刚度。

附录 E 铺作材质状况勘察分析[1]

1. 外檐铺作构件新旧判别

初祖庵始创于北魏孝文帝时期，重建于北宋宣和七年，中间又历经几次修葺，替换过大大小小的构件，一直保存至今。其中，铺作部分的修葺大多为直接替换新料，为了解初祖庵大殿上铺作构件被替换的具体情况，以及为下一阶段铺作试验对象的选择奠定基础，本次勘察对现状态下铺作构件的新旧料进行了详细的调查，第一阶段主要包括初祖庵大殿外檐铺作室外侧部分构件。根据铺作位置不同，初祖庵大殿上铺作可分为转角铺作、柱头铺作和补间铺作三种类型，其中补间铺作和柱头铺作外侧除栌斗形状不同外，组成构件相同，故柱头铺作和补间铺作使用相同的构件名称与编号，在参考图 E-1《营造法式注释》对初祖庵大殿铺作构件命名的基础上，铺作构件的名称与编号如图 E-2 和图 E-3所示，柱头铺作与补间铺作室外部分包含 24 个构件，转角铺作室外部分包含 46 个构件。

本次勘察主要通过对铺作构件进行现场观测，判断其新旧料情况。如图 E-4 所示，黄框中为新料，红框中为老料，新料与老料具有鲜明的特征：老料风化较为严重，构件沿木材顺纹方向多开裂，大部分构件歪闪，中轴线偏斜；新料表观颜色较深，开裂

---

❶ 内容摘自：南京林业大学材料科学与工程学院 . 登封"天地之中"历史建筑群木构古建筑现状勘察与保护研究——少林寺初祖庵大殿木构架勘察调研报告［R］. 2017.

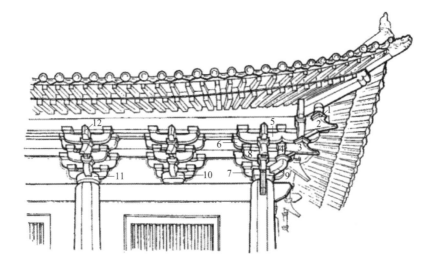

1—平盘枓；2—由昂；3—角昂；4—小栱头与瓜子栱出跳相列；5—令栱与瓜子栱出跳相列，
身内鸳鸯交手；6—慢栱与切几头出跳相列；7—泥道栱与华栱出跳相列；8—瓜子栱；
9—角华栱；10—讹角栌枓；11—圆栌枓；12—耍头

图 E-1 《营造法式注释》中初祖庵大殿铺作构件的命名

①栌斗；②华栱；③泥道栱；④散斗；⑤散斗；⑥交互斗；⑦慢栱；⑧散斗；⑨散斗；
⑩华头子；⑪瓜子栱；⑫散斗；⑬散斗；⑭昂；⑮骑昂斗；⑯外跳慢栱；⑰散斗；
⑱令栱；⑲耍头；⑳齐心斗；㉑散斗；㉒散斗；㉓散斗；㉔散斗

图 E-2 补间铺作构件名称详图（以北明西 D2-D3 铺作为例）

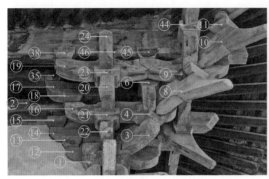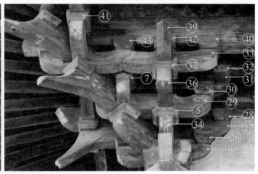

①角炉斗；②散斗；③角华栱；④平盘斗；⑤交互斗；⑥散斗；⑦散斗；⑧角昂；⑨平盘斗；⑩由昂；
⑪平盘斗；⑫华栱与泥道栱出跳相列；⑬散斗；⑭慢栱与华头子出跳相列；⑮散斗；⑯瓜子栱；
⑰慢栱与切几头出跳相列；⑱散斗；⑲瓜子栱与令栱出跳相列；⑳下昂；㉑交互斗；㉒华栱；
㉓骑昂斗；㉔耍头；㉕华栱与泥道栱出跳相列；㉖散斗；㉗慢栱与华头子出跳相列；㉘散斗；
㉙瓜子栱；㉚散斗；㉛慢栱与切几头出跳相列；㉜散斗；㉝瓜子栱与令栱出跳相列；㉞华栱；
㉟散斗；㊱下昂；㊲骑昂斗；㊳散斗；㊴耍头；㊵散斗；㊶交互斗；㊷散斗；
㊸散斗；㊹散斗；㊺散斗；㊻散斗

图 E-3 转角铺作构件名称详图（以东北角 D4 铺作为例）

图 E-4 铺作新旧料判别

现象并不明显，大部分构件功能较为完好。因此，在现场采用此种判断方法对铺作新旧料替换进行判断具有可操作性，结果见表 E-1～表 E-5。表中"√"代表构件为新料，"？"代表新旧料存疑；"补"表示补间铺作，"头"代表柱头铺作，"角"代表转角铺作。转角铺作中"瓜子栱与令栱出跳相列"和"慢栱与华头子出跳相列"等"出跳相列"构件，部分文献中命名为"列栱"亦可。铺作状态及构件名称详图如图 E-5～图 E-9 所示。

南立面铺作构件新旧料判别统计表　　　　表 E-1

铺作编号		南西补 A1-A2	南西头 A2	南明西 A2-A3	南明东 A2-A3	南东头 A3	南东补 A3-A4
①	栌斗	√	√				√
②	华栱		√			√	
③	泥道栱	√			√		
④	散斗	√		√	√		
⑤	散斗	√			√		
⑥	交互斗	√	√			√	√
⑦	慢栱	√		√	√		
⑧	散斗	√	√	√		√	
⑨	散斗	√	√	√	√		
⑩	华头子	√					√
⑪	瓜子栱				√		
⑫	散斗			√	√		
⑬	散斗		√	√	√		?
⑭	昂	√					
⑮	骑昂斗					√	√
⑯	外跳慢栱		√	?			
⑰	散斗		√	√	√		
⑱	令栱	√					
⑲	耍头	√	√		√		√
⑳	齐心斗	√	√	√	√		
㉑	散斗	√	√		√		
㉒	散斗	√	√	√	√	√	
㉓	散斗	√	√	√	√	√	
㉔	散斗	√	√			√	√

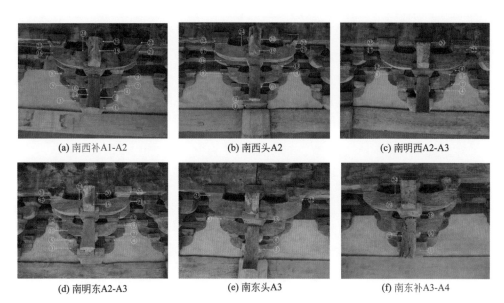

(a) 南西补A1-A2	(b) 南西头A2	(c) 南明西A2-A3
(d) 南明东A2-A3	(e) 南东头A3	(f) 南东补A3-A4

图 E-5　初祖庵大殿南立面铺作状态及构件名称详图

东立面铺作构件新旧料判别统计表　　　　　　　　　　　　　表 E-2

铺作编号		东南补 A4-B4	东南头 B4	东明补 B4-C4	东北头 C4	东北补 C4-D4
①	栌斗					
②	华栱				√	√
③	泥道栱			√		
④	散斗	√		√		
⑤	散斗		√			√
⑥	交互斗	√	√	√	√	
⑦	慢栱				√	
⑧	散斗	√	√			√
⑨	散斗		√			
⑩	华头子					
⑪	瓜子栱			√		√
⑫	散斗			√	√	√
⑬	散斗			√	√	√
⑭	昂					

铺作编号		东南补 A4-B4	东南头 B4	东明补 B4-C4	东北头 C4	东北补 C4-D4
⑮	骑昂斗	√	√	?		√
⑯	外跳慢栱			√	?	?
⑰	散斗		√		√	√
⑱	令栱					√
⑲	耍头	√				√
⑳	齐心斗	√	√	√	√	√
㉑	散斗	√	√	√	√	√
㉒	散斗		√	√		√
㉓	散斗		√	√		√
㉔	散斗	√	?	√	√	√

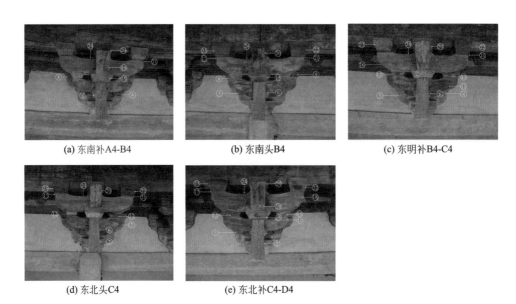

(a) 东南补A4-B4　　　　(b) 东南头B4　　　　(c) 东明补B4-C4

(d) 东北头C4　　　　(e) 东北补C4-D4

图 E-6　初祖庵大殿东立面铺作状态及构件名称详图

北立面铺作构件新旧料判别统计表　　　　　　　表 E-3

铺作编号		北东补 D3-D4	北东头 D3	北明西 D2-D3	北明东 D2-D3	北西头 D2	北西补 D1-D2
①	栌斗	√	√	√			√
②	华栱					√	√

铺作编号		北东补 D3-D4	北东头 D3	北明西 D2-D3	北明东 D2-D3	北西头 D2	北西补 D1-D2
③	泥道栱		√	√	√	√	
④	散斗		√		√	√	√
⑤	散斗		√		√	√	√
⑥	交互斗		√	√		√	√
⑦	慢栱	√	√		√	√	?
⑧	散斗		√	√	√	√	√
⑨	散斗	√	√	√	√	√	
⑩	华头子			√			
⑪	瓜子栱					?	
⑫	散斗		√		√	√	√
⑬	散斗	√	√			√	
⑭	昂				√	√	√
⑮	骑昂斗	√				√	√
⑯	外跳慢栱	√	√	√	√	√	√
⑰	散斗	√	√	√	√	√	
⑱	令栱	√	√	√	√	√	√
⑲	耍头	√		√	√	√	
⑳	齐心斗	√	√		√	√	√
㉑	散斗	√	√		√	√	√
㉒	散斗	√		√	√		√
㉓	散斗	√	√	√	√	√	
㉔	散斗	√	√		√	√	√

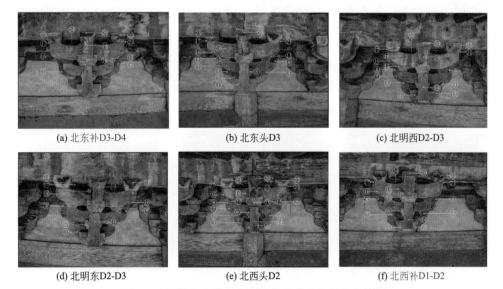

(a) 北东补D3-D4　　(b) 北东头D3　　(c) 北明西D2-D3

(d) 北明东D2-D3　　(e) 北西头D2　　(f) 北西补D1-D2

图 E-7　初祖庵大殿北立面铺作状态及构件名称详图

103

西立面铺作构件新旧料判别统计表　　　　　　　　　　　表 E-4

铺作编号		西北补 C1-D1	西北头 C1	西明补 B1-C1	西南头 B1	西南补 A1-B1
①	栌斗					
②	华栱					
③	泥道栱					
④	散斗					
⑤	散斗					✓
⑥	交互斗					
⑦	慢栱				✓	
⑧	散斗	✓	✓	✓	✓	✓
⑨	散斗	✓		✓		
⑩	华头子					
⑪	瓜子栱					
⑫	散斗			✓	✓	
⑬	散斗			✓		
⑭	昂		✓			
⑮	骑昂斗	✓	✓		✓	✓
⑯	外跳慢栱	✓		✓		
⑰	散斗	✓		✓	✓	✓
⑱	令栱	?				
⑲	耍头		✓			
⑳	齐心斗	✓	✓	✓	✓	✓
㉑	散斗	✓	✓	✓	✓	✓
㉒	散斗	✓		✓	✓	✓
㉓	散斗	✓	✓	✓	✓	✓
㉔	散斗	✓		✓	✓	✓

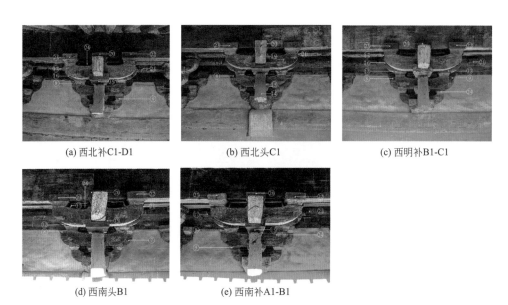

(a) 西北补C1-D1　　　　　　(b) 西北头C1　　　　　　(c) 西明补B1-C1

(d) 西南头B1　　　　　　(e) 西南补A1-B1

图 E-8　初祖庵大殿西立面铺作状态及构件名称详图

转角铺作构件新旧料判别统计表　　　　　　表 E-5

铺作编号		西南角 A1		东南角 A4		东北角 D4		西北角 D1	
		西向	南向	南向	东向	东向	北向	北向	西向
①	角栌斗								
②	散斗								
③	角华栱								
④	平盘斗								
⑤	交互斗		✓						
⑥	散斗								
⑦	散斗								
⑧	角昂				✓				✓
⑨	平盘斗				✓				✓
⑩	由昂				✓				✓
⑪	平盘斗				✓				✓
⑫	华栱与泥道栱出跳相列	✓		✓		✓			
⑬	散斗	✓		✓		✓			
⑭	慢栱与华头子出跳相列	✓		✓		✓		✓	
⑮	散斗	✓				✓		✓	
⑯	瓜子栱	✓				✓			
⑰	慢栱与切几头出跳相列	✓				✓		✓	
⑱	散斗	✓				✓			
⑲	瓜子栱与令栱出跳相列	✓		✓		✓		✓	
⑳	下昂	✓		✓		✓		✓	
㉑	交互斗			✓		✓			
㉒	华栱	✓		✓					
㉓	骑昂斗	✓		✓		✓		✓	
㉔	耍头	✓						✓	
㉕	华栱与泥道栱出跳相列		✓						
㉖	散斗		✓				✓		
㉗	慢栱与华头子出跳相列		✓		✓		✓		✓
㉘	散斗		✓		✓		✓		
㉙	瓜子栱		✓						
㉚	散斗		✓				✓		
㉛	慢栱与切几头出跳相列		✓		✓				✓
㉜	散斗						✓		
㉝	瓜子栱与令栱出跳相列		✓				✓		
㉞	华栱		✓						
㉟	散斗					✓			
㊱	下昂		✓		✓				✓
㊲	骑昂斗		✓						✓
㊳	散斗			✓		✓		✓	
㊴	耍头		✓		✓		✓		✓
㊵	散斗				✓				✓
㊶	交互斗		✓						
㊷	散斗		✓		✓		✓		✓
㊸	散斗		✓		✓		✓		✓
㊹	散斗								
㊺	散斗	✓		✓		✓			
㊻	散斗	✓		✓		✓		✓	

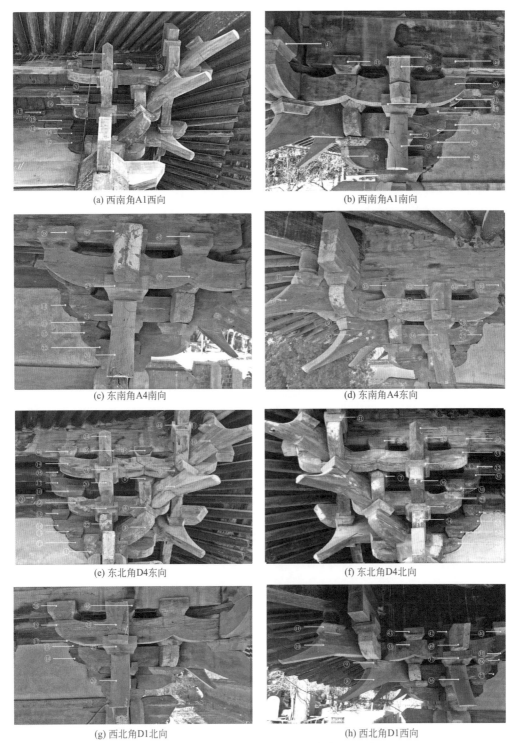

(a) 西南角A1西向

(b) 西南角A1南向

(c) 东南角A4南向

(d) 东南角A4东向

(e) 东北角D4东向

(f) 东北角D4北向

(g) 西北角D1北向

(h) 西北角D1西向

图 E-9　初祖庵大殿转角铺作状态及构件名称详图

　　由表 E-1～表 E-5 可知，柱头铺作、补间铺作和转角铺作上的散斗均有被替换。8 个柱头铺作和 14 个补间铺作中，50％的耍头、41％的慢栱、45％的外跳慢栱、36％的令栱、27％的华栱、32％的泥道栱和 23％的昂为新料，华头子和瓜子栱的新料比例最小，为

14%。4 个转角铺作中，69% 的昂、81% 的列栱和 75% 的要头为新料。南立面两侧转角铺作 A1 和 A4 中 33% 的华栱为新料，转角铺作 A1 和 D4 中 33% 的瓜子栱构件为新料。极少数构件由于表面缺陷等无法准确判断其新料或老料，后阶段中拟通过对其物理性质的测定来进一步判断。图 E-10 所示为铺作新旧构件替换情况，单个铺作构件的新旧料替换率反映出铺作构件的病害情况以及铺作上现存老料的比例，为后续对铺作的定期监测和修缮提供参考。从图上可知，柱头铺作 D2 构件新旧料的替换率最高，达到了 83%；柱头铺作 A3 和补间铺作 A3-A4 的替换率最小，均为 25%；铺作构件新旧料替换率在 50% 以上的铺作共有 14 个，占调查铺作总数的 54%，表明铺作构件的新旧料替换率极高。由于铺作是传递屋面荷载至梁架的重要承重构件，且长期暴露在外，其构件的损坏程度较大，需要进行定期的监测与修复替换。

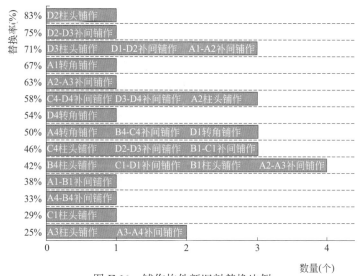

图 E-10　铺作构件新旧料替换比例

铺作新旧料判别结论（表 E-6）：

（1）柱头铺作、补间铺作和转角铺作上的散斗均有被替换，说明散斗的破坏较其他构件严重，应当予以重视。

（2）北立面单个铺作的替换率均较高，可能是北立面墙体外侧屋面漏水较严重，导致铺作构件被雨水淋刷，破坏较快，所以在历次修缮中新旧料替换率高，建议对北立面外屋顶进行检查和防漏维修。

（3）柱头铺作和补间铺作中的要头和慢栱，以及转角铺作中的列栱、要头、华栱和昂新旧料替换率极高，建议在后续维修替换时使用材质等级较高的木材对其进行替换。

铺作构件新旧料替换率　　　　　　　　　　　　　　　　　表 E-6

构件		要头	慢栱	外跳慢栱	令栱	华栱	泥道栱	昂	华头子	瓜子栱	列栱
替换率	柱头铺作、补间铺作	50%	41%	45%	36%	27%	32%	23%	14%	14%	—
	转角铺作	75%	—	—	—	75%	—	69%	—	75%	81%

2. 外檐铺作构件病害勘察

根据现场勘察记录和所采集到的铺作照片对初祖庵大殿的外檐铺作现有病害进行调查，为便于统计分析，将所有铺作归为东面铺作（C4-D4 东北补、C4 东北头、B4-C4 东明补、B4 东南头、A4-B4 东南补）、南面铺作（A3-A4 南东补、A3 南东头、A2-A3 南明东、A2-A3 南明西、A2 南西头、A1-A2 南西补）、西面铺作（A1-B1 西南补、B1 西南头、B1-C1 西明补、C1 西北头、C1-D1 西北补）、北面铺作（D1-D2 北西补、D2 北西头、D2-D3 北明西、D2-D3 北明东、D3 北东头、D3-D4 北东补）、转角铺作（D4 东北角、A4 东南角、A1 西南角、D1 西北角）五大类进行调查。

初步调查发现，东面铺作的老料构件普遍存在老化、干裂、虫蛀的情况，且多沿木射线方向开裂；部分构件歪闪、倾斜，上下连接的构件不在同一条轴线上；栌斗与泥道栱之间普遍存在离缝；要头和昂有下倾趋势；部分昂存在拔榫的情况。橑檐枋和罗汉枋与其下散斗咬合不佳，有的斗口上方加了垫块以使枋与斗相互接触。北面的铺作整体受潮严重，腐朽和虫蛀的问题相当显著。各构件普遍存在端面开裂情况，且裂纹多沿木射线绽开，其中，老料构件均有明显的老化干裂。大部分后补修替换的散斗与橑檐枋、罗汉枋存在较大缝隙，没有完全咬合。要头与衬方头之间存在离缝、拔榫现象，要头与昂存在下倾和外倾情况，此或为要头上方与下方的斗被压裂甚至压溃的原因。南面铺作和西面铺作，老料构件因材质退化而引起的干裂较严重，较多构件存在离缝，少量构件有拔榫情况，个别构件有残缺现象。转角铺作因多为替换的新料构件，所以老化、干裂程度比其他几类铺作要轻，但因转角铺作承重较大，被压溃的构件较多。

初祖庵大殿外檐各个铺作具体病害调查信息如图 E-11～图 E-62 所示：

（1）东立面铺作病害调查

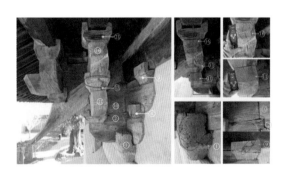

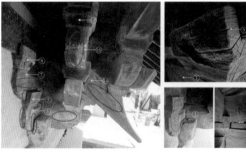

④散斗、⑨散斗糟朽老化严重；⑨散斗与墙、㉑散斗与罗汉枋之间有较大离缝；⑪瓜子栱、⑯外跳慢栱与罗汉枋轴线不对齐；⑪瓜子栱、⑯外跳慢栱外闪，⑪瓜子栱斜度83°，⑯外跳慢栱斜度 79.6°；①栌斗截面方向较多虫孔；②华栱上沿与⑩华头子下沿有少量虫孔；⑨散斗经过补接，有少量虫孔。

①栌斗、②华栱、③泥道栱、⑦慢栱、⑧散斗、⑭昂、⑯外跳慢栱糟朽老化严重；③泥道栱、⑦慢栱、⑯外跳慢栱、⑰散斗开裂严重；①栌斗与③泥道栱，⑤散斗与⑦慢栱，⑧散斗与墙，⑰散斗与罗汉枋之间有较大离缝；③泥道栱沿木射线开裂严重，有虫孔；③泥道栱及⑤散斗有钉子钉入，且糟朽开裂严重；⑭昂拔榫 15mm。

图 E-11　C4-D4 东北补（北侧）

图 E-12　C4-D4 东北补（南侧）

④散斗、⑨散斗糟朽老化严重;⑬散斗开裂严重;⑬散斗与⑯外跳慢栱之间有较大离缝。

图 E-13 C4 东北头(北侧)

②华栱、③泥道栱、⑦慢栱、⑫散斗、⑮骑昂斗、⑯外跳慢栱、⑱令栱糟朽老化严重;⑦慢栱、⑫散斗、⑯外跳慢栱、⑱令栱开裂严重;①栌斗与③泥道栱,⑪瓜子栱与⑭昂,⑫散斗与⑯外跳慢栱及⑮骑昂斗与⑱令栱之间有较大离缝;⑰散斗的内斗耳为补接。

图 E-14 C4 东北头(南侧)

⑬散斗糟朽老化严重;⑩与⑪瓜子栱、⑬散斗与⑯外跳慢栱,㉑散斗与罗汉枋之间有较大离缝;㉑散斗松动,与罗汉枋离缝达 21mm;⑩华头子下沿内侧有虫孔;⑭昂存在拔榫情况。

图 E-15 B4-C4 东明补(北侧)

①栌斗、②华栱、③泥道栱、⑥交互斗、⑦慢栱、⑫散斗糟朽老化严重;⑯外跳慢栱、⑱令栱、㉓散斗开裂严重;⑫散斗与⑯外跳慢栱,⑰散斗与罗汉枋之间有较大离缝;⑩华头子、⑭昂下倾;⑪瓜子栱、⑯外跳慢栱、⑱令栱外倾。

图 E-16 B4-C4 东明补(南侧)

④散斗、⑬散斗、㉑散斗糟朽老化严重;④散斗与⑦慢栱、⑬散斗与⑯外跳慢栱、㉑散斗与罗汉枋之间有较大离缝;①栌斗、②华栱、③泥道栱密布虫眼;⑫散斗沿木射线方向有较多裂纹,有一条长约 55mm、宽约 18mm 裂纹;⑯外跳慢栱下沿、⑪瓜子栱侧面(厚度方向)有虫孔;⑲要头上有纤维布包裹,裂纹宽度为 14mm;⑭昂与⑲要头之间拔榫 15mm;⑭昂有 7°的倾角。

图 E-17 B4 东南头(北侧)

①栌斗、③泥道栱、⑪瓜子栱、⑫散斗、⑯外跳慢栱糟朽老化严重;①栌斗、⑫散斗、⑯外跳慢栱开裂严重;①栌斗与③泥道栱,⑫散斗与⑯外跳慢栱之间有较大离缝。

图 E-18 B4 东南头(南侧)

⑨散斗槽朽老化严重；⑬散斗与⑯外跳慢栱、㉑散斗与罗汉枋之间有较大离缝。

图 E-19　A4-B4 东南补（北侧）

①栌斗、②华栱、③泥道栱、⑦慢栱、⑫散斗、⑰散斗、⑱令栱槽朽老化严重；⑰散斗、⑱令栱、㉓散斗开裂严重；⑧散斗与墙、⑫散斗与⑯外跳慢栱、⑰散斗与罗汉枋、㉓散斗与枋之间有较大离缝。

图 E-20　A4-B4 东南补（南侧）

（2）南立面铺作病害调查

⑪瓜子栱、⑬散斗、⑯外跳慢栱、㉑散斗、⑱令栱、㉒散斗端面沿木射线方向开裂较严重；⑱令栱表层有木材剥落；罗汉枋与㉑散斗有较大缝隙。

图 E-21　A3-A4 南东补（东侧）

⑰散斗内倾，与罗汉枋和⑯外跳慢栱接触部位都存在离缝；⑯外跳慢栱、⑱令栱、㉓散斗端面沿木射线方向开裂较严重。

图 E-22　A3-A4 南东补（西侧）

③泥道栱、⑦慢栱、⑨散斗老化干裂较严重，有若干横向裂纹；⑪瓜子栱、⑬散斗、⑯外跳慢栱、㉑散斗、⑱令栱端面开裂严重；⑬散斗有歪扭，导致与其上⑯外跳慢栱和其下⑪瓜子栱皆有离缝。

图 E-23　A3 南东头（东侧）

⑪瓜子栱、⑫散斗、⑯外跳慢栱、⑱令栱端面开裂严重；①栌斗与③泥道栱有较大离缝；⑪瓜子栱外侧与⑥交互斗有较大间隙；⑮骑昂斗内侧斗耳有较大裂缝；①栌斗与③泥道栱离缝 11mm；⑮骑昂斗内侧斗耳开裂，裂缝宽 10mm；⑭昂与⑪瓜子栱外侧间离缝 12mm；⑭昂后尾与⑪瓜子栱内侧离缝 9mm；⑩华头子上方有垫块补接；⑲耍头上方木块拔榫，有较大缝隙；⑳齐心斗上部橑檐枋有方形孔洞。

图 E-24　A3 南东头（西侧）

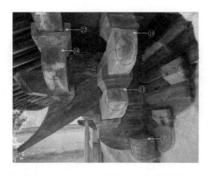

①栌斗开裂较严重；⑪瓜子栱、⑯外跳慢栱、⑱令栱、㉒散斗端面开裂较严重。

图 E-25　A2-A3 南明东（东侧）

①栌斗、③泥道栱、⑦慢栱、⑭昂老化开裂较严重；⑪瓜子栱、⑯外跳慢栱、⑮骑昂斗、⑱令栱端面开裂较严重；⑱令栱端面有表层材剥落现象。

图 E-26　A2-A3 南明东（西侧）

⑪瓜子栱、⑯外跳慢栱、⑱令栱、㉒散斗端面开裂较严重；⑯外跳慢栱、⑱令栱、㉒散斗有较多白色霉菌；⑨散斗有小方孔；③泥道栱槽朽较严重；⑯外跳慢栱斜度 83°；⑪瓜子栱斜度 85.3°。

图 E-27　A2-A3 南明西（东侧）

①栌斗、⑤散斗、⑪瓜子栱、⑯外跳慢栱、⑰散斗、⑱令栱端面开裂较严重；㉓散斗有蓝色霉菌，且内侧与橑檐枋有较大间隙；⑰散斗与罗汉枋有较大间隙；⑭昂老化开裂较严重；①栌斗与③泥道栱之间离缝 10mm；⑭昂后尾与⑯外跳慢栱内侧接触部位拔榫 14mm；⑭昂后尾与柱头枋接触部位拔榫 13mm。

图 E-28　A2-A3 南明西（西侧）

③泥道栱、④散斗、⑦慢栱、⑨散斗老化糟朽较严重；⑪瓜子栱端面开裂严重；⑩华头子上方有垫块；⑮骑昂斗下方有垫块；⑱令栱底部有补块；⑮骑昂斗外侧与⑱令栱有较大缝隙。

图 E-29　A2 南西头（东侧）

③泥道栱、⑦慢栱老化糟朽较严重；⑪瓜子栱、⑫散斗、⑱令栱端面开裂较严重；⑮骑昂斗与⑱令栱内侧接触部位有较大缝隙；⑲耍头后尾方木有纤维布绑定加固；罗汉枋与⑰散斗外侧接触部位离缝 13mm；⑭昂与⑪瓜子栱外侧接触部位离缝 15mm；⑩华头子后尾方木与⑪瓜子栱间拔榫 12mm；罗汉枋斜度 84.5°；⑪瓜子栱斜度 83.1°。

图 E-30　A2 南西头（西侧）

⑬散斗间有离缝；⑭昂与⑮骑昂斗内侧、与⑪瓜子栱外侧接触部位均有较大缝隙；⑯外跳慢栱外侧与⑬散斗接触部位有较大缝隙；⑪瓜子栱、⑯外跳慢栱端面开裂较严重；⑮骑昂斗溃裂严重；①栌斗与③泥道栱之间的离缝17mm；⑩华头子与⑭昂后尾接触部位有垫块厚10mm；⑮骑昂斗内侧与⑭昂之间的离缝15mm；⑪瓜子栱外侧与⑭昂接触部位有离缝11mm；⑩华头子后部与⑪瓜子栱内侧接触部位拔榫17mm。

⑲耍头中部与⑯外跳慢栱外侧接触部位、⑭昂后尾与柱头枋接触部位，⑭昂与⑪瓜子栱外侧接触部位均有较大缝隙；⑰散斗与罗汉枋底部之间有缝隙；⑰散斗内侧底部与⑯外跳慢栱之间有缝隙；⑰散斗外侧斗耳缺失半块；⑭昂与⑲耍头间有垫块；⑪瓜子栱、⑯外跳慢栱端面开裂较严重；⑮骑昂斗溃裂严重；⑲耍头中部与⑯外跳慢栱外侧间有缝隙20mm；⑭昂后尾与柱头枋接触部位有缝隙15mm；⑰散斗与罗汉枋底部间有缝隙25mm；⑰散斗内侧底部与⑯外跳慢栱间有缝隙11mm。

图 E-31　A1-A2 南西补（东侧）　　　　　图 E-32　A1-A2 南西补（西侧）

（3）西立面铺作病害调查

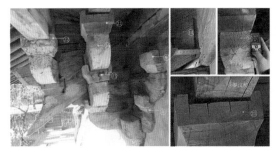

④散斗、⑨散斗、②散斗糟朽老化严重；㉑散斗开裂严重；⑬散斗与⑯外跳慢栱、㉑散斗与罗汉枋之间有较大离缝；⑭昂脱榫15mm；㉑散斗开裂严重，与罗汉枋之间有较大间隙；⑯外跳慢栱有86.6°的倾斜。

①栌斗、②华栱、③泥道栱、④散斗、⑤散斗、⑥交互斗、⑦慢栱、⑪瓜子栱、⑫散斗、⑱令栱、㉓散斗糟朽老化严重；⑭昂、㉓散斗开裂严重；⑥交互斗与⑪瓜子栱、⑫散斗与⑯外跳慢栱、⑤散斗与⑦慢栱、㉓散斗与罗汉枋之间有较大离缝；⑪瓜子栱倾斜角度为82.3°；⑫散斗与⑯外跳慢栱间有7mm垫片；⑮骑昂斗与⑱令栱之间有5mm的离缝；㉓散斗斗耳开裂，产生8mm的离缝。

图 E-33　A1-B1 西南补（南侧）　　　　　图 E-34　A1-B1 西南补（北侧）

④散斗、⑨散斗、⑬散斗糟朽老化严重；⑥交互斗与⑪瓜子栱、⑬散斗与⑯外跳慢栱、㉑散斗与罗汉枋之间有较大缝隙。

图 E 35 B1 西南头（南侧）

①栌斗、②华栱、⑦慢栱、⑱令栱、㉓散斗糟朽老化严重；⑥交互斗、⑪瓜子栱、⑯外跳慢栱开裂严重；⑥交互斗外斗耳断裂；①栌斗与③泥道栱、⑥交互斗与⑪瓜子栱、⑭昂与⑲要头间有较大缝隙。

图 E-36 B1 西南头（北侧）

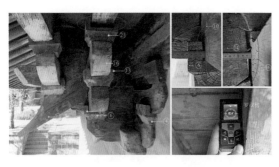

④散斗、⑬散斗糟朽老化严重、⑥交互斗与⑩华头子、㉑散斗与罗汉枋之间有较大缝隙；⑭昂、⑯外跳慢栱之间存在 11cm 离缝；⑥交互斗与⑩华头子之间存在 5mm 离缝；罗汉枋倾斜 85.4°。

图 E-37 B1-C1 西明补（南侧）

①栌斗、⑥交互斗、⑯外跳慢栱、⑱令栱糟朽老化严重；⑦慢栱、⑱令栱开裂严重；⑥交互斗与⑪瓜子栱、⑯外跳慢栱与⑰散斗、⑮骑昂斗与⑱令栱、⑪瓜子栱与⑭昂之间有较大缝隙。

图 E-38 B1-C1 西明补（北侧）

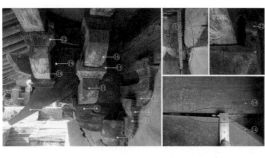

④散斗、⑬散斗糟朽老化严重；①栌斗与③泥道栱、⑥交互斗与⑪瓜子栱、⑫散斗与⑯外跳慢栱、㉒散斗与罗汉枋之间有较大离缝；①栌斗底座开裂，缝隙长度为 134mm；㉒散斗与罗汉枋之间有较大离缝；⑭昂与⑲要头之间存在 7mm 离缝。

图 E-39 C1 西北头（南侧）

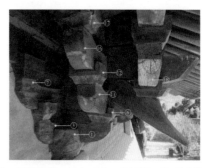

①栌斗、③泥道栱、⑥交互斗、⑦慢栱、⑪瓜子栱、⑫散斗、⑱令栱糟朽老化严重；③泥道栱、⑦慢栱开裂严重；⑫散斗与⑯外跳慢栱、⑥交互斗与⑪瓜子栱之间有较大离缝。

图 E-40 C1 西北头（北侧）

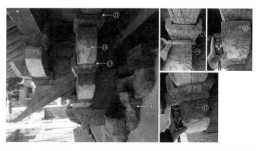

④散斗、⑬散斗、㉑散斗糟朽老化严重；⑬散斗与⑯外跳慢栱、㉑散斗之间有较大离缝；⑯外跳慢栱与㉑散斗之间有 23mm 的偏心；⑯外跳慢栱有 86.1°的倾斜；⑪瓜子栱有 86.7°的倾斜。

图 E-41　C1-D1 西北补（南侧）

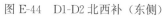

①栌斗、②华栱、③泥道栱、⑥交互斗、⑦慢栱、⑧散斗、⑪令栱、⑲要头、㉑散斗糟朽老化严重；⑦慢栱、⑭昂开裂严重；⑫散斗与⑯外跳慢栱、⑯外跳慢栱与⑰散斗、⑰散斗与罗汉枋之间有较大离缝。

图 E-42　C1-D1 西北补（北侧）

（4）北立面铺作病害调查

③泥道栱、④散斗、⑨散斗、⑬散斗、㉑散斗、㉒散斗糟朽老化严重；⑪瓜子栱与⑬散斗、⑬散斗与⑯外跳慢栱、㉑散斗与罗汉枋之间有较大离缝；⑱令栱开裂严重。

图 E-43　D1-D2 北西补（西侧）

③泥道栱、⑤散斗、⑥交互斗、⑦慢栱、⑧散斗、⑪瓜子栱、⑫散斗、⑮骑昂斗、⑯外跳慢栱糟朽老化严重；③泥道栱、⑦慢栱开裂严重；⑪瓜子栱与⑫散斗、⑫散斗与⑯外跳慢栱之间有较大离缝。

图 E-44　D1-D2 北西补（东侧）

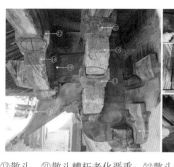

⑬散斗、㉑散斗糟朽老化严重；㉒散斗开裂严重；⑬散斗与⑯外跳慢栱、㉑散斗与罗汉枋间离缝较大；⑪瓜子栱与 14 昂离缝 7mm；⑮骑昂斗密布虫眼，内侧斗耳开裂缝宽 5mm；⑲要头后尾有纤维布绑定加固；⑲要头上 20 齐心斗严重开裂溃损，中间最大裂缝宽 3.5mm。

图 E-45　D2 北西头（西侧）

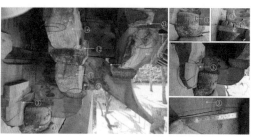

①栌斗、⑥交互斗、⑪瓜子栱、⑫散斗、⑮骑昂斗、⑯外跳慢栱、㉓散斗糟朽老化严重；③泥道栱、⑯外跳慢栱、⑱令栱开裂严重；①栌斗与③泥道栱、⑫散斗与⑯外跳慢栱之间有较大离缝；①栌斗严重腐朽开裂，①栌斗与③泥道栱栱缝 10mm；③泥道栱东端有长 155mm 的裂纹，密布虫眼，且与泥墙有离缝。

图 E-46　D2 北西头（东侧）

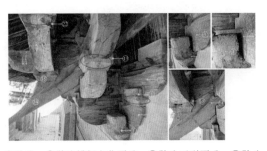

④散斗、⑬散斗糟朽老化严重；㉒散斗开裂严重；④散斗与⑦慢栱之间有较大离缝；①栌斗、③泥道栱有大量虫眼；①栌斗与③泥道栱之间，①栌斗斗耳离缝 22mm；③泥道栱上密布虫眼；⑮骑昂斗内侧斗耳脱落，⑭昂内侧上掰裂 5mm。

图 E-47　D2-D3 北明西（西侧）

①栌斗、②华栱、⑤散斗、⑥交互斗、⑦慢栱、⑫散斗、⑮骑昂斗、⑱令栱、㉓散斗糟朽老化严重；⑦慢栱、⑮骑昂斗开裂严重；①栌斗与③泥道栱之间有较大离缝；⑩华头子与⑭昂之间离缝 12mm；⑭昂有部分是补接新料；⑭昂与垫木之间离缝 30mm；罗汉枋下底面与齐心斗的离缝为 17mm。

图 E-48　D2-D3 北明西（东侧）

㉒散斗开裂较严重；④散斗、㉑散斗有较多虫眼；⑦慢栱上有较大裂缝，长度 25mm，宽度 4mm；⑪瓜子栱与⑯外跳慢栱之间，⑬散斗缝长 20mm，底部之间的缝长 13mm；⑩华头子内侧拔榫 19mm；⑭昂下端与⑮骑昂斗之间接补且达⑯外跳慢栱底端；⑭昂内侧糟朽，有通长虫蛀缝。

图 E-49　D2-D3 北明东（西侧）

①栌斗有一条通长裂纹；⑪瓜子栱、⑫散斗、⑯外跳慢栱端面开裂严重；③泥道栱、⑦慢栱、⑱令栱、㉓散斗开裂严重；⑪瓜子栱与⑭昂之间有较大离缝；③泥道栱、⑤散斗、⑦慢栱、⑧散斗有大量虫眼；⑰散斗与罗汉枋未接触；⑲要头上的衬方头与要头上部离缝 37mm，衬方头与橑檐枋离缝近 10mm，远 24mm；⑭昂后尾有钉眼，且钉块木板，⑭昂是老料；⑭昂与⑯外跳慢栱脱榫下沿 15mm，外伸 13mm；⑦慢栱上有宽 3mm 的三条递进式较深裂缝。

图 E-50　D2-D3 北明东（东侧）

④散斗、⑨散斗有大量虫眼；㉒散斗有明显裂纹；⑮骑昂斗内侧斗耳掰裂；⑭昂有通长裂纹长约 56mm，且昂头拔榫 22mm；⑮骑昂斗内侧斗耳剥离，剥离宽度 12mm，外侧有通缝宽约 2mm；⑩华头子与⑭昂连接处有楔子；⑱令栱上方中间的斗朝下倾斜；⑲要头端面开裂严重。

图 E-51　D3 北东头（西侧）

⑦慢栱老化干裂严重，有横向裂纹若干；⑮骑昂斗、⑰散斗、㉓散斗开裂较严重；①角栌斗与⑭相接触处产生横纹压溃，压溃 2mm 木材；⑭昂上有较大节子，有长约 40mm 的裂缝通过节子；⑲要头与衬方头拔榫 20mm；⑲要头与⑱令栱拔榫 12mm；⑲要头有明显的向下倾斜；⑱令栱上方齐心斗溃烂，斗耳用钉钉于橑檐枋上，内侧斗耳剥落。

图 E-52　D3 北东头（东侧）

⑦慢栱、⑮骑昂斗、⑱令栱及㉓散斗均有明显裂纹；⑥交互斗、⑪瓜子栱、⑬散斗、㉑散斗老化干裂较严重；⑯外跳慢栱向外倾斜；⑥交互斗、⑬散斗有较大离缝；⑥交互斗外侧斗耳掰裂，与⑪瓜子栱有离缝19mm。

图 E-53　D3-D4 北东补（西侧）

③泥道栱、⑤散斗干裂较严重；⑥交互斗、⑰散斗、㉓散斗有离缝；①栌斗与③泥道栱交接部位是新料，截面高度约95mm；⑮骑昂斗为新料，其中沿木射线的一条裂纹长约90mm，宽约4mm；⑭昂与⑩华头子之间的离缝为14mm；罗汉枋下沿倾斜，与其下散斗有较大离缝；⑲要头明显下垂，⑲要头与衬方头离缝为25mm。

图 E-54　D3-D4 北东补（东侧）

（5）转角铺作病害调查

①角栌斗斗口压缩、开裂较严重；㉙瓜子栱、㉝瓜子栱与令栱出跳相列、㊴要头端面开裂较严重；①角栌斗溃缩且沿木射线方向裂纹较多，①角栌斗斗口与㉕华栱与泥道栱出跳相列间的离缝约15mm；㉕华栱与泥道栱出跳相列为足材高约230mm，其上沿有轻微虫孔与糟朽；㉛慢栱与切几头出跳相列与㉜散斗间离缝约11mm；㊶交互斗掰裂且与㉙瓜子栱底部间离缝约5mm；㊶交互斗与㉙瓜子栱外侧距离约20mm。

图 E-55　D4 东北角（北侧）

①角栌斗、㉖散斗溃缩较严重；㉙瓜子栱、㉚散斗、㊶交互斗、㉝瓜子栱与令栱出跳相列端面开裂严重；橑檐枋内侧与㊵散斗有较大缝隙；㊴要头前端开裂，㊴要头中部上方垫木拔榫。

图 E-57　A4 东南角（东侧）

①角栌斗斗口、㉒华栱有木材压缩，压缩量为3mm；⑬散斗老化干裂严重；⑯瓜子栱栱端面开裂严重；㊹散斗有较大离缝。

图 E-56　D4 东北角（东侧）

⑫华栱与泥道栱出跳相列溃缩较严重；⑮散斗老化干裂严重；㊳散斗有小块缺失造成孔洞；⑱散斗中间有宽裂缝；⑯瓜子栱、⑬散斗、⑰慢栱与切几头出跳相列、㊴散斗、⑲瓜子栱与令栱出跳相列开裂严重。

图 E-58　A4 东南角（南侧）

④平盘斗开裂严重；⑲瓜子栱与令栱出跳相列端面开裂严重；㉜散斗开裂严重。

图 E-59　A1 西南角（南侧）

㊳散斗、⑨平盘斗开裂严重；㉑散斗与⑯瓜子栱之间有离缝；西令栱端面开裂较严重；㊳散斗与橑檐枋之间有离缝。

图 E-60　A1 西南角（西侧）

④平盘斗、㉘散斗、㉙瓜子栱、㉚散斗、㉛慢栱与切几头出跳相列、㊵散斗开裂严重。

图 E-61　D1 西北角（西侧）

①角栌斗、⑬散斗、㉙瓜子栱、⑬散斗、⑰慢栱与切几头出跳相列、㉟散斗、⑲瓜子栱与令栱出跳相列开裂严重；⑬散斗有离缝。

图 E-62　D1 西北角（北侧）

（6）铺作病害统计分析与修缮建议

初祖庵大殿外檐铺作构件总数庞大，外檐铺作室外部分所有可见构件有 734 个。其中，斗类构件 472 个，栱类构件 262 个。铺作呈现的病害类型极为多样，原因和程度也各有差异。部分构件同时存在 2～3 种病害现象，勘察过程中对同一构件上存在的各种病害现象均做了详细记录，统计时为避免芜杂，就主要的病害现象和成因进行分析。

根据现场铺作病害调查记录和所采集到的照片分析可知，初祖庵大殿铺作病害类型主要有：离缝、拔榫、孔洞、开裂、溃缩/裂、剥离、残缺七类。具体病害初步统计数据见表 E-7、图 E-63 和图 E-64。所有受损构件中，存在开裂的铺作构件数目最多，多达 241 个，占构件总数比高达 32.8%，其中，东面开裂铺作数目就多达 56 个。其次，具有离缝的构件数占构件总数的 8.0%，具有孔洞的构件数占构件总数的 5.2%，存在拔榫的构件数占构件总数的 2.0%，存在溃缩或溃裂的构件数占构件总数的 1.8%。此外，0.6% 的构件出现剥离，0.4% 的构件存在残缺。

铺作构件病害统计表　　　　　　　　　　　　　　　表 E-7

| 基本信息 | | | 病害类型统计 | | | | | | | 病害原因统计 | | | |
方位	类型	数量	离缝	拔榫	孔洞	开裂	溃缩/裂	剥离	残缺	受力损伤	生物侵蚀	材质退化	原因不详
东面铺作	铺作	80	9	0	6	27	1	1	1	1	6	25	13
		45	2	5	9	29	1	0	0	1	9	28	8
	总计	125	11	5	15	56	2	1	1	2	15	53	21
	比例		8.8%	4.0%	12.0%	44.8%	1.6%	0.8%	0.8%	1.6%	12.0%	42.4%	16.8%

续表

基本信息			病害类型统计							病害原因统计			
方位	类型	数量	离缝	拔榫	孔洞	开裂	溃缩/裂	剥离	残缺	受力损伤	生物侵蚀	材质退化	原因不详
南面铺作	铺作	96	11	1	1	27	1	1	1	1	0	25	17
	铺作	54	3	3	0	26	0	0	0	0	0	25	7
	总计	150	14	4	1	53	1	1	1	1	0	50	24
	比例		9.3%	2.7%	0.7%	35.3%	0.7%	0.7%	0.7%	0.7%	0	33.3%	16.0%
西面铺作	铺作	80	9	0	0	19	0	0	0	0	0	19	10
	铺作	45	3	1	0	22	0	0	0	0	0	22	4
	总计	125	12	1	0	41	0	0	1	0	0	41	14
	比例		10.0%	1.0%	0	33.0%	0	0	1.0%	0	0	33.0%	11.0%
北面铺作	铺作	96	9	0	8	29	5	2	0	6	8	21	18
	铺作	54	7	4	12	26	0	0	0	0	12	20	17
	总计	150	16	4	20	55	5	2	0	6	20	41	35
	比例		10.7%	2.7%	13.3%	36.7%	3.3%	1.3%	0	4.0%	13.3%	27.3%	23.3%
转角铺作	铺作	120	5	0	1	20	3	0	0	3	1	20	5
	铺作	64	1	1	1	16	2	0	0	2	1	16	2
	总计	184	6	1	2	36	5	0	0	5	2	36	7
	比例		3.3%	0.5%	1.1%	19.6%	2.7%	0	0	2.7%	1.1%	19.6%	3.8%
总体情况	铺作	472	43	1	16	122	10	4	3	11	15	110	63
	铺作	262	16	14	22	119	3	0	0	3	22	111	38
	总计	734	59	15	38	241	13	4	3	14	37	221	101
	比例	100%	8.0%	2.0%	5.2%	32.8%	1.8%	0.6%	0.4%	1.9%	5.0%	30.1%	13.8%

由于所处环境的多样性和建筑构造的复杂性，造成初祖庵大殿外檐铺作病害的原因有很多，且存在多种因素相互作用的情况，同一种病害类型可能会由一种或多种因素单独或协同作用造成，而一种因素也会导致多种病害。需要指出，为便于统计分析，本次铺作病害调查只考虑单因素作用，即一种类型的病害只对应一种病害原因。根据归纳总结，主要破坏成因有受力损伤、生物侵蚀、材质退化三种。受力损伤主要引起构件的溃缩甚至溃裂，生物侵蚀则造成虫孔、糟朽等问题，材质退化会使构件老化、干裂，尤其会导致构件木材沿木射线方向开裂，形成较大的放射状裂纹甚至裂缝。其中，受材质退化影响的构件数目最多，有221个，占构件总数的30.1%，且多为老料构件。受生物侵蚀的构件数目占构件总数的5.0%，具有受力损伤问题的构件数目占构件总数的1.9%。此外，13.8%的构件受损成因较为复杂。

在铺作病害调查中，除离缝、拔榫、孔洞、开裂、溃缩/裂、剥离、残缺七类主要铺作病害类型外，部分铺作构件还存在歪闪（或内倾或外倾）、下倾、表层剥落、节子等问题。铺作C4-D4东北补、C4东北头、A2-A3南明东均出现构件歪闪、轴线不齐的现象，

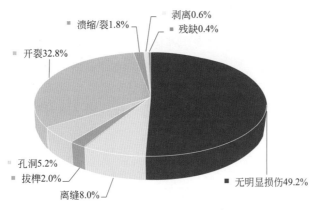

图 E-63 各类病害类型所占百分比

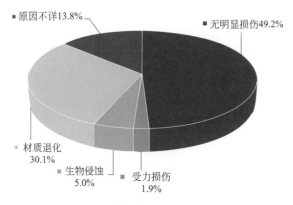

图 E-64 各类病害原因所占百分比

主要体现在：其瓜子栱、瓜子栱上方散斗、外跳慢栱、外跳令栱上方散斗歪闪，中心轴线不在同一条线上；C4 东北头等铺作的昂构件有下倾趋势；铺作 A2-A3 南明东西侧令栱端面有表层剥落现象；铺作 D3 北东头昂构件上有明显的大节子，且伴随着开裂现象。此外，调查过程中发现部分铺作构件有修缮、加固痕迹。铺作 B4 东南头耍头中部、A2 南西头耍头后尾、D2 北西头耍头后尾均有纤维布捆绑加固；铺作 B4-C4 东明补、A3 南东头、D3 北东头华头子上方加有楔块。此外，一些铺作的栌斗底部、骑昂斗底部、昂顶部、枋木下方散斗内部也发现楔块或垫块。

通过对初祖庵大殿铺作病害的调查，发现现存初祖庵大殿铺作室外部分构件受损较为严重，老料构件普遍由于水分缺失、材质退化发生一定的开裂，端部沿木射线方向开裂非常严重，并且以往修复时在裂缝中填充了泥灰，部分构件还因长期受上部压力作用而溃损。沿橑檐枋轴线承载较大，构件变形严重，柱头铺作昂头替换后的构件与其他构件贴合性较差；补间铺作真昂多有下倾趋势，导致与昂咬合的瓜子栱、外跳慢栱，至罗汉枋轴线上构件出现明显扭折和歪闪。北面铺作因雨雪天屋面漏水而受潮严重，北面和东面铺作虫孔较多，受生物侵蚀也较为严重。针对如此现状，有必要采取一定的措施对初祖庵大殿铺作进行修缮和防护。

3. 外檐铺作超声波无损检测

本次勘察系统勘测了初祖庵大殿外檐铺作的受损程度、构件用料新旧情况等，结合现场观察判断转角铺作大多被替换为新构件，选取了不同立面上的两种类型的铺作：南立面A3柱头铺作、西立面B1柱头铺作、东立面C4柱头铺作、北立面D2柱头铺作、西立面B1-C1补间铺作共5组铺作，对其构件进行了超声波检测（图E-65～图E-69）。

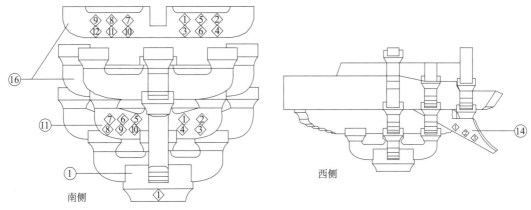

图 E-65　A3 柱头铺作超声波测点示意图

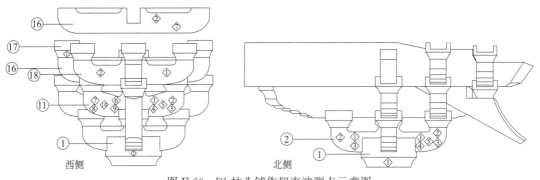

图 E-66　B1 柱头铺作超声波测点示意图

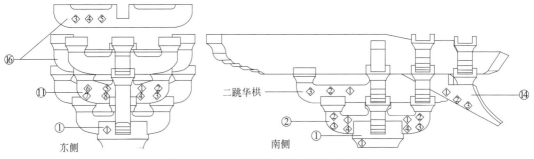

图 E-67　C4 柱头铺作超声波测点示意图

记录指标包括：对应测点的声时、声速、位置、测点处病害等；铺作各构件的含水率、新旧料主要损伤等。每个测试铺作的详细测试数据见表 E-8～表 E-17，其中"—"表示无此项，"＊"表示初步分析判定该点测试数据存在较大误差。

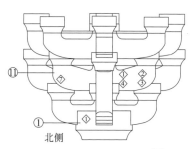
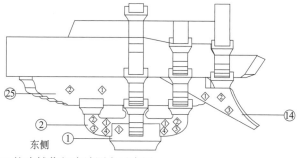

图 E-68 D2 柱头铺作超声波测点示意图

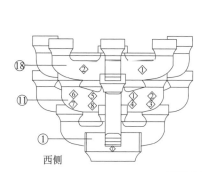
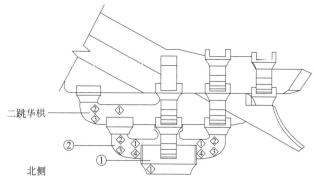

图 E-69 B1-C1 补间铺作超声波测点示意图

A3 柱头铺作构件含水率（%） 表 E-8

构件\方向	栌斗	华栱	泥道栱	交互斗	慢栱	瓜子栱	外跳慢栱	昂	令栱	下素枋	上素枋
西侧	7.3	12.6	14.1	14.1	14.1	12.0	12.2	14.8	15.3	14.2	14.2
东侧	7.3	13.0	14.1	14.1	14.1	10.9	17.5	14.7	11.0	14.2	14.2

A3 柱头铺作超声波测试结果 表 E-9

构件	测点	声速 v(m/s)	动弹性模量 DMOE(GPa)	密实度（%）	测点处病害
①栌斗(外)	①	3383	—	—	无
⑪瓜子栱(外)	①	964	3.840	58.4	有顺纹方向裂纹
	②	1132	5.295	68.6	有裂纹,靠近髓心
	③	764	2.412	46.3	有横向裂纹,该点位于髓心下方
	④	769	2.444	46.6	无
	⑤	808	2.698	48.9	无
	⑥	819	2.772	49.6	无
	⑦	830	2.847	50.3	无
	⑧	854	3.014	51.7	无
	⑨	927	3.551	56.2	无
	⑩	927	3.551	56.2	无

续表

构件	测点	声速 v(m/s)	动弹性模量 DMOE(GPa)	密实度(%)	测点处病害
⑯外挑慢栱(外)	①	865	3.092	52.4	无
	②	1027	4.358	62.2	无
	③	1322	7.222	80.1	有 2 道纵向裂纹
	④	1503	9.335	91.0	位于髓心处,附近裂纹有填补痕迹
	⑤	916	3.467	55.5	无
	⑥	1156	5.522	70.0	无
	⑦	845	2.950	51.2	有 1.5cm×10cm 的填料
	⑧	1875	<u>14.527</u>	<u>113.6</u>	无
	⑨	779	2.508	47.2	沿木射线方向有 2mm 宽的裂纹,有节子
	⑩	2637	<u>28.734</u>	<u>159.7</u>	开裂严重,有缝,嵌有填料
	⑪	1622	10.871	98.3	无
	⑫	1519	9.534	92.0	无
⑭昂(外)	①	1063	4.669	64.4	无
	②	924	3.528	56.0	无
	③	1250	6.457	75.7	有 2 条 2mm 宽裂纹

注:对测点数据中,有异常的数据,以下划线标注,以下同。

对超声波无损测量数据进行分析前,须根据被测构件树种确定基准声速,根据初祖庵大殿以往修缮中替换老料树种的鉴定结果,将落叶松作为初祖庵大殿铺作老料相近的材性,将榆木作为初祖庵大殿铺作新料相近的材性。计算 A3 柱头铺作外侧华栱、令栱,其声速超过基准值,判定为非落叶松树种。慢栱西侧第二测点数据偏高,第四测点由于该测点有较大裂纹,并有填料,对超声波传播速度影响较大,说明开裂较深,影响其动弹性模量与密实度。A3 柱头铺作外侧瓜子栱平均密实度为 53.3%,材料风化程度较高,外跳慢栱除去异常点后平均密实度为 70.2%,材质较为致密,昂平均密实度为 65.4%,材质较为致密。

B1 柱头铺作构件含水率 (%) 表 E-10

方向 \ 构件		栌斗	华栱	泥道栱	慢栱	瓜子栱	外跳慢栱	昂	令栱	橑檐枋	罗汉枋	绰幕枋
外侧	北侧	—	9.8	—	—	14.1	13.0	15.7	11.7	11.7	10.3	—
	南侧	—	9.2	—	—	14.3	13.2	15.7	12.6			
内侧	北侧	9.6	10.6	9.5	12.0							13.5
	南侧	—	10.2	9.8	12.0							

B1 柱头铺作超声波测试结果 表 E-11

构件	测点	声速 v(m/s)	动弹性模量 DMOE(GPa)	密实度(%)	测点处病害
①栌斗(外)	①	3243	6.479	75.9	无
②华栱(外)	①	1982	<u>16.233</u>	<u>120.1</u>	有裂纹
	②	1618	10.818	98.0	无

构件	测点	声速 v(m/s)	动弹性模量 DMOE(GPa)	密实度(%)	测点处病害
②华栱(外)	③	1618	10.818	98.0	无
	④	1053	4.582	63.8	靠近边缘
	⑤	891	3.280	54.0	无
⑪瓜子栱(外)	①	1345	7.475	81.5	无
	②	881	3.207	53.4	无
	③	943	3.675	57.1	无
	④	950	3.729	57.5	无
	⑤	742	2.275	44.9	无
	⑥	916	3.467	55.5	无
	⑦	1840	13.990	111.5	裂纹多
	⑧	1402	8.122	84.9	无
	⑨	1139	5.361	69.0	无
	⑩	1447	8.652	87.7	无
⑯外跳慢栱(外)	②	789	2.572	47.8	无
	⑦	916	3.467	55.5	无
⑰散斗(外)	①	1179	4.865	65.7	无
⑱令栱(外)	①	1095	5.744	71.4	无
	②	1085	4.955	66.3	无
①栌斗(内)	①	2267	0.137	53.0	无
②华栱(内)	①	1230	6.252	74.5	无
	②	1004	4.165	60.8	过髓心,顺纹方向有 2mm 宽的裂纹
	③	689	1.962	41.7	内侧有两道裂纹

B1 柱头铺作外侧栌斗与华栱材性较为致密,除华栱第 1 测点、瓜子栱北侧第 7 测点声速偏高,其他构件材性整体较为致密。

B1 柱头铺作内侧栌斗密实度为 53.0%,材质退化严重,华栱平均密实度为 59.0%,部分点裂纹较为严重。

C4 柱头铺作构件含水率(%) 表 E-12

构件 方向		栌斗	华栱	泥道栱	交互斗	慢栱	瓜子栱	外跳慢栱	昂	乳栿	绰幕枋	上素枋
外侧	北侧	7.5	9.7	—	—	—	12.8	—	12.3	—	—	—
	南侧	7.2	9	—	—	—	13.8	12.9	12.2	—	—	—
内侧	北侧	—	11.7	10.9	—	11.3	—	—	—	—	—	—
	南侧	—	11.8	9.6	—	11.3	—	—	—	10.2	9.6	8.5

C4 柱头铺作超声波测试结果 表 E-13

构件	测点	声速 v(m/s)	动弹性模量 DMOE(GPa)	密实度(%)	测点处病害
①栌斗(外)	①	4626	13.182	108.2	压密实
②华栱(外)	①	1825	13.763	110.6	无
	②	1065	4.687	64.5	无
	③	1223	6.181	74.1	顺纹方向裂纹宽 2.5mm
	④	1597	10.539	96.7	顺纹方向裂纹宽 2mm
⑪瓜子栱(外)	①	708	2.071	42.9	无
	②	906	3.392	54.9	无
	③	699	2.019	42.3	测点底部有裂缝,内插 5mm 厚新木片
	④	819	2.772	49.6	无
	⑤	849	2.978	51.4	无
	⑥	1022	4.316	61.9	无
	⑦	1386	7.938	84.0	无
	⑧	966	3.856	58.5	无
⑯外跳慢栱(外)	③	597	1.473	36.2	有裂纹,内侧木材松动
	④	1075	4.775	65.1	无
	⑤	1299	6.973	78.7	无
⑭昂(外)	①	1569	—	—	无
	②	1752	—	—	无
	③	2143	—	—	无
③华栱(内)	①	1150	5.465	69.7	无
	②	1513	9.459	91.7	顺纹方向有 2mm 宽的裂纹,穿过髓心
	③	1544	9.851	93.5	有 2 道宽 1.5mm 竖向裂纹、宽 2.5mm 横向裂纹
	④	839	2.909	50.8	无
二跳华栱(内)	①	2018	16.828	122.2	无
	②	916	3.467	55.5	无
	③	1447	8.652	87.7	无

C4 柱头铺作外侧华栱第 1 测点、二跳华栱第 1 测点声速偏高。栌斗斗口左右两侧木材被华栱压密实,导致密实度结果明显较高,由表 E-2 可知,C4 柱头华栱为新料,较栌斗老料坚硬,建议在下次修缮中替换 C4 柱头栌斗。

D2 柱头铺作构件含水率 (%) 表 E-14

方向 / 构件		栌斗	华栱	泥道栱	慢栱	瓜子栱	外跳慢栱	昂	令栱	绰幕枋	上素枋	下素枋
外侧	东侧	7.9	13.2	12.9	12.9	13.7	—	14.1	15.2	—	9.4	9.7
	西侧	7.4	10.6	12.2	12.2	13.2	—	—	—	—		9.2

方向\构件		栌斗	华栱	泥道栱	慢栱	瓜子栱	外跳慢栱	昂	令栱	绰幕枋	上素枋	下素枋
内侧	东侧	7.4	12.2	12.7	13.2	—	—	—	—	14.2	8.2	—
	西侧	7.1	11.2	12.9	14.2	—	—	—	—	13.3	8.2	—

D2 柱头铺作超声波测试结果　　　　　表 E-15

构件	测点	声速 v(m/s)	动弹性模量 DMOE(GPa)	密实度(%)	测点处病害
①栌斗(外)	①	10149	—	—	压溃较为严重；平面倾斜
②华栱(外)	①	1311	7.10	79.42	—
	②	1739	12.50	105.35	—
	③	1667	11.48	100.98	—
	④	1655	11.32	100.26	—
⑪瓜子栱	①	1951	15.73	118.19	—
	②	1967	15.99	119.16	—
	③	1875	14.53	113.59	—
	④	1455	8.75	88.14	—
	⑦	1860	14.30	112.68	—
⑭昂	①	1678	11.63	101.65	—
	②	1297	6.95	78.57	—
	③	1778	13.06	107.71	—
①栌斗(内)	①	4024	9.975	94.12	—
②华栱(内)	①	1348	7.509	81.7	—
	②	1311	7.102	79.4	有斜向裂纹贯穿华栱
	③	1600	10.578	96.9	细小裂纹
	④	1206	6.010	73.1	—
㉕绰幕枋	①	1494	9.223	90.5	—
	②	1173	5.686	71.1	—

　　D2 柱头铺作内侧检测的三个构件密实度较高，材性较好；D2 柱头铺作外侧构件多为新料，而且新料材性较软，栌斗压溃较为严重，上平面向北倾斜，因此后续监测应重点关注材质较软的新料构件，防止由于新料局部压溃而导致连接失效，危及架构失稳。

B1-C1 补间铺作构件含水率（%）　　　　　表 E-16

方向\构件		栌斗	华栱	泥道栱	慢栱	瓜子栱	外跳慢栱	昂	令栱	橑檐枋	罗汉枋	绰幕枋
外侧	北侧	—	7.7	—	—	—	13.9	11.7	15.7	12.4	*	*
	南侧	—	6.8	—	—	—	12.9	13.3	11.6	12.4	—	—
内侧	北侧	11.3	11.8	*	—	10.6	—	—	—	—	—	—
	南侧	10.8	11.3	*	—	*	—	—	—	—	—	—

B1-C1 补间铺作超声波测试结果　　　　　　　　　　　　表 E-17

构件	测点	声速 v(m/s)	动弹性模量 DMOE(GPa)	密实度(%)	测点处病害
①栌斗(外)	①	4550	<u>12.753</u>	<u>106.4</u>	无
②华栱(外)	①	1880	<u>14.605</u>	<u>113.9</u>	无
	②	1359	7.632	82.3	有裂纹
	③	685	1.939	41.5	有裂纹
	④	1238	6.333	75.0	无
⑪瓜子栱(外)	①	1642	11.141	99.5	无
	②	924	3.528	56.0	内侧有裂纹
	③	995	4.091	60.3	无
	④	1401	8.111	84.9	无
	⑤	1053	4.582	63.8	无
	⑥	887	3.251	53.7	无
	⑦	898	3.332	54.4	无
	⑧	1009	4.207	61.1	无
⑱令栱(外)	①	889	3.266	53.9	无
	②	843	2.937	51.1	无
①栌斗(内)	①	4642	<u>13.274</u>	<u>108.6</u>	测量为顺纹方向
②华栱(内)	①	1622	10.871	98.3	顺纹方向裂纹
	②	1569	10.172	95.0	在榫口处
	③	976	3.936	59.1	有节子和2.5mm宽裂纹
	④	1500	9.297	90.9	无
二跳华栱(内)	①	855	—	—	顺纹方向有密集小裂纹
	②	2054	—	—	上部有节子
	③	2035	—	—	可能处在榫口下方

B1-C1 补间铺作外侧栌斗、华栱，根据表 E-4 判断为老料，但两构件①测点声速偏高。华栱②、③测点差异较大，说明③测点裂纹较深。瓜子栱平均密实度为 66.7%，材性较好。

初祖庵大殿外檐铺作修缮建议：为防止初祖庵大殿木结构进一步受潮腐朽和遭受虫蛀，应从构造上改善通风防潮条件，使木结构经常保持干燥；对易受潮腐朽或遭虫蛀的构件用防腐防虫药剂进行处理。所使用的防腐防虫药剂应符合下列要求：

（1）应能防腐，又能杀虫，或对害虫有驱避作用，且药效高而持久。

（2）对人畜无害，不污染环境；对木材无助燃、起霜或腐蚀作用。

（3）无色或浅色，并对油饰、彩画无影响，且所用药剂应耐水，具有可靠而耐久的防腐防虫效力，可用于室外。

对于已压溃和严重开裂的构件，尤其是承重构件，应采取适当的修复或更换，同时，应优先采用与原构件相同的树种木材，当确有困难时，也应选取强度等级不低于原构件的木材代替。

对于有较大离缝和有明显松动的构件，应采取一定的加固措施，提高所用材料的耐久性，不应低于原有结构材料的耐久性。

在修缮或加固铺作构件时，还应注意铺作与其相邻构造之间的关联，既要达到修复铺作目的，又要注意不对其他构造及其材料造成损伤，保证初祖庵大殿结构的安全稳固。

附录 F　阑额无损检测及病害勘察分析 [❶]

1. 阑额材质新旧判别及病害勘察

为了解初祖庵大殿主体构架阑额构件的病害情况，本次勘察对阑额的位置、挠度及木材表面腐朽情况进行了现场观测，同时采用超声波探伤仪检测阑额构件内部的木材糟朽与空洞。受初祖庵大殿内部设施布置的限制和超声波探伤仪测试线长度限制，选取了 A-12-E12、A-23-E1、A-34-E2、D-23-E7 四根阑额进行超声波检测，并对 A-23-E1、A-34-E2、4-AB-E3、D-23-E7、1-AB-E11、A-12-E12（图 F-1）的实际状态及挠度进行了测量。观测发现 A-34-E2、1-AB-E11、A-12-E12 为最近一次修缮中替换的新料，A-23-E1、4-AB-E3、D-23-E7 仍为老料。阑额外侧暴露在露天环境中，其内外表面状态差异较为明显，部分阑额（A-23-E1、D-23-E7）存在上下拼接的现象。

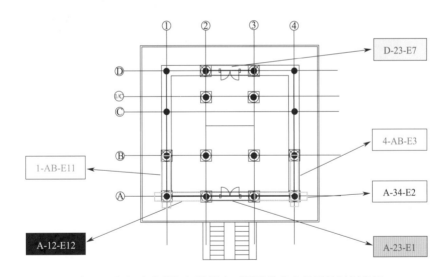

图 F-1　初祖庵大殿阑额轴号索引图及勘察中检测的阑额编号

A-12-E12 阑额内侧表面状态较好，外侧左下部沿纤维方向有通长的裂纹，且表面有长期积累的雨渍，通过水平仪测量发现该阑额西（左）侧较高（图 F-2）。

　　❶　内容摘自：南京林业大学材料科学与工程学院. 登封"天地之中"历史建筑群木构古建筑现状勘察与保护研究——少林寺初祖庵大殿木构架勘察调研报告［R］.2017.

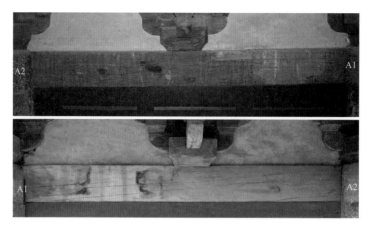

图 F-2　A-12-E12 阑额内外侧实际状态

　　A-23-E1 阑额为初祖庵大殿南门（正门）上方阑额，其上部承载有南明西、南明东两组铺作及其上部梁与屋面荷载（图 F-3）。该阑额内侧有通长裂缝，表面多霉菌附着，腐朽较为严重（图 F-4）；从阑额外侧图像可以看出明显由两部分拼接而成，拼接部位靠近上檐，拼料高度为 90mm，阑额中部下沿出现腐朽；铺作之间阑额部分多虫蛀，分布 6 个木节；该阑额表现肉眼可见的挠曲变形，实测下檐挠度为 18mm（图 F-5）。

图 F-3　A-23-E1 阑额内外侧实际状态

图 F-4　A-23-E1 阑额内侧腐朽及开裂情况

图 F-5 A-23-E1 阑额外侧挠度测量及拼接情况

A-34-E2 阑额为新料，除表面有细小裂纹外未发现较大病害，整体平直，没有明显的挠曲变形（图 F 6、图 F-7）。

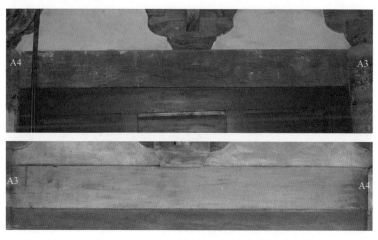

图 F-6 A-34-E2 阑额内外侧实际状态

图 F-7 A-34-E2 阑额外侧挠度测量

D-23-E7 阑额位于初祖庵大殿北门（后门）上部，其上承载着北明西、北明东两组铺作及其上部梁与屋面荷载（图 F-8），受压挠曲变形较明显（图 F-9），阑额内侧腐朽严重，开裂较大，依据《古建筑木构件的非破坏性检测方法及腐朽分级》LY/T 2146—2013，目测腐朽分级为 3 级；该阑额为老料拼接新料，拼料距离上檐 77mm；表面风化为"搓衣板状"（图 F-10）。

图 F-8　D-23-E7 阑额内外侧实际状态

图 F-9　D-23-E7 阑额外侧挠度测量

图 F-10　D-23-E7 阑额外侧拼接及开裂情况

2. 阑额尺寸测量及变形分析

受测试条件限制，此次勘察选取了 6 组阑额进行了全方位的勘测，包括阑额的基本尺寸、含水率、两端收分情况、倾斜度以及中部挠曲变形，相关数据记录见表 F-1。

阑额含水率及宽度　　　　　　　　　　　　表 F-1

阑额编号	含水率(%)								宽度(mm)		
	上檐				下檐				左侧	中部	右侧
A-23-E1	8.8	8.4	8.4	9.9	9.3	8.7	8.6	9.5	354	355	354
A-34-E2	9.5	11.4	9.5	9.6	8.6	8.9	9.9	10.4	325	323	324
4-AB-E3	8.7	9.2	9.5	10.1	7.0	8.2	7.9	9.4	342(收 330)		350(收 345)
D-23-E7	8.3	9.7	9.2	8.7	9.8	9.7	9.0	8.1	340(收 335)		334(收 326)
1-AB-E11	8.9	9.1	8.9	8.5	6.4	6.3	8.3	8.0	325	325	325
A-12-E12	9.0	9.0	8.9	8.2	8.3	8.4	9.5	7.2	321	321	326

　　阑额含水率与外界环境湿度密切相关，上部含水率一般比下部含水率高，表明阳光照射时飞檐对上部起到一定的遮蔽作用，且其上部直接与栱眼壁泥灰墙体接触，而下部与木质门框下冒头接触，两种材料不同的水分吸收和传递特性也对阑额上下部分含水率差异有一定的影响，一般近阳面的阑额（1-AB-E11、A-12-E12）含水率较背阳面阑额（A-34-E2、4-AB-E3）低。勘测时发现老料 4-AB-E3、D-23-E7 左右两端发生高度收分，而老料 A-23-E1 却无明显收分，可能这三根阑额并不是同一时期的构件。

　　阑额的跨度及与柱连接的离缝测量结果见表 F-2；阑额的整体倾斜度关系到初祖庵大殿整体架构的偏向性，测量结果表明除 A-23-E1、D-23-E7 这两组阑额中部弯曲变形较明显，另外四组阑额都在角柱节点处较高，与大殿的整体结构和柱网构造特征一致。阑额 A-23-E1、D-23-E7 因上部荷载较大，挠度较大（肉眼可见），内部腐朽也较为严重，对上部构架及荷载传递影响较大（表 F-3）。

阑额跨度及与柱连接处接缝尺寸　　　　　　　表 F-2

阑额编号	伸出栱眼壁厚				跨度(m)		与柱连接处接缝					
	（上檐口/最宽处）(mm)						（上-中-下）(mm)					
	左侧		右侧		上檐	下檐	左侧			右侧		
A-23-E1	33	46	30	50	3.72	3.71	7	6.5	4.5	7	—	0
A-34-E2	45	45	31	36	2.93	2.93	0	7.5	—	5.6	7	4.5
4-AB-E3	43	55	35	45	2.97	2.98	11	4.3	7.5	14.5	—	3
D-23-E7	40	—	40	—	3.73	3.76	0		5	3.3	5	5.5
1-AB-E11	35	35	35	35	2.98	2.98	14		0	泥料填补		
A-12-E12	41	41	40	40	2.96	2.96	9.5	8.7	12	6.3	—	0

阑额倾斜度及挠度　　　　　　　　　　　　表 F-3

阑额编号	倾斜度(%)				下檐挠度(mm)	新/老料	是否上下拼接	
	左侧		右侧		较高侧			拼接位置	拼接高度(mm)
A-23-E1	1.1	2.2	1.2	—	两端高	18.0	老	上檐	90
A-34-E2	1.2	1.6	1.6	1.6	右侧(东)高	0	新	无	
4-AB-E3	2.8	2.9	1.3	1.2	左侧(南)高	12.0	老	下檐	82
D-23-E7	1.5	1.0	1.1	1.3	两端高	27.0	老+新	上檐	77

续表

阑额编号	倾斜度(%)				下檐挠度(mm)	新/老料	是否上下拼接	
	左侧		右侧	较高侧			拼接位置	拼接高度(mm)
1-AB-E11	1.4	1.6	2.3	2.2	右侧(南)高	3.0	新	无
A-12-E12	1.7	1.6	1.0	1.5	左侧(西)高	3.5	新	无

依据《古建筑木结构维护与加固技术标准》GB/T 50165—2020 关于承重木梁枋的残损点的检查及评定，D-23-E7、4-AB-E3、A-23-E1 三根阑额（老料）认定为残损点。《木结构设计标准》GB 50005—2017 第 4.2.7 条中规定楼板梁类构件计算挠度限值 $[\omega]$ 为 1/250，参考《中国文物建筑保护及修复学》及其他与梁、枋垂弯时的参考比例相关的文献，一般认为挠度/梁长≤1/200 时，认定为正常状态；1/200≤挠度/梁长≤1/100 时，表明已接近危险状态，超过此规定认为已经达到危险状态；梁枋糟朽超过其断面面积 1/6 以上时，认定为已达危险状态，由图 F-11 可知初祖庵大殿北立面中部阑额 D-23-E7 已接近危险状态，且实地观测发现该阑额内部腐朽较为严重，建议尽快替换；东立面阑额 4-AB-E3、南立面阑额 A-23-E1 尽管处于参考值范围内的正常状态，建议要重点观测与及时修复；A-12-E12、1-AB-E11 两根阑额（新料）状态良好，仍可正常工作。

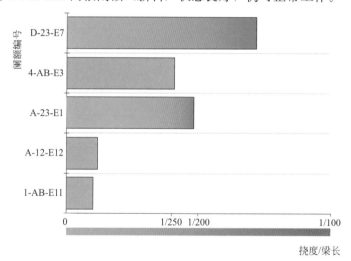

图 F-11　各阑额依据挠度限值的安全状态

3. 阑额超声波无损检测

本次勘察使用 MC-6310 非金属超声探伤仪对阑额内部材质状况进行检测（图 F-12～图 F-15），选取的 A-12-E12、A-23-E1、D-23-E7、A-34-E2 四根阑额进行无损检测的数据统计见表 F-4～表 F-7。

图 F-12　A-12-E12 阑额超声波测点位置（单位：mm）

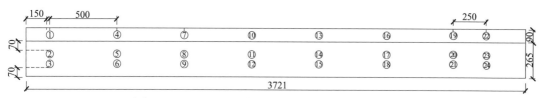

图 F-13　A-23-E1 阑额超声波测点位置（单位：mm）

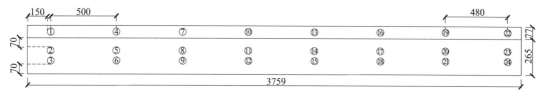

图 F-14　D-23-E7 阑额超声波测点位置（单位：mm）

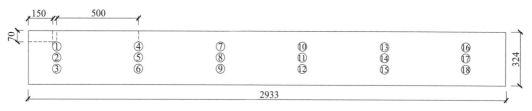

图 F-15　A-34-E2 阑额超声波测点位置（单位：mm）

A-12-E12 阑额超声波检测数据　　表 F-4

测点	声速 v(m/s)	动弹性模量 DMOE(GPa)	密实度(%)	测点病害
①	808	2.698	48.9	无
②	1455	8.748	88.1	外侧有 3 道细小裂纹
③	1194	5.891	72.3	无
④	1237	6.323	74.9	外侧有槽朽
⑤	1481	9.063	89.7	外侧有 1mm 裂纹
⑥	1257	6.529	76.1	无
⑦	1270	6.665	76.9	无
⑧	1455	8.748	88.1	外侧有 1mm 宽裂纹
⑨	1132	5.295	68.6	内侧有节子，外侧有霉斑
⑩	1053	4.582	63.8	内侧有裂纹
⑪	1463	8.844	88.6	外侧有裂纹
⑫	1194	5.891	72.3	无
⑬	1086	4.873	65.8	无
⑭	1250	6.457	75.7	外侧有裂纹
⑮	1206	6.010	73.1	无
⑯	1053	4.582	63.8	外侧有细小裂纹
⑰	1437	8.533	87.1	外侧有 1mm 宽裂纹
⑱	1277	6.738	77.4	无
均值	1239	6.471	75.1	—

A-23-E1 阑额超声波检测数据 表 F-5

测点	声速 v(m/s)	动弹性模量 DMOE(GPa)	密实度(%)	测点病害
①	686	1.945	41.6	无
②	738	2.251	44.7	外侧有大裂纹
③	1026	4.350	62.2	无
④	1057	4.617	64.0	无
⑤	816	2.751	49.4	无
⑥	949	3.721	57.5	无
⑦	692	1.979	41.9	无
⑧	710	2.083	43.0	无
⑨	700	2.025	42.4	无
⑩	923	3.520	55.9	无
⑪	1062	4.660	64.3	2mm 宽裂纹里外贯通
⑫	1076	4.784	65.2	无
⑬	1062	4.660	64.3	无
⑭	938	3.636	56.8	外侧有裂纹
⑮	1071	4.740	64.9	无
⑯	1076	4.784	65.2	无
⑰	1048	4.538	63.5	外侧有裂纹,内侧有节子
⑱	1067	4.704	64.6	外侧有节子
⑲	1067	4.704	64.6	内外侧都有裂纹
⑳	588	1.429	35.6	外侧有裂纹,内侧有节子
㉑	777	2.495	47.1	外侧有较大节子
㉒	777	2.495	47.1	两侧均有裂纹
㉓	886	3.244	53.7	外侧有裂纹
㉔	996	4.099	60.3	无
均值	908	3.509	55.0	—

D-23-E7 阑额超声波检测数据 表 F-6

测点	声速 v(m/s)	动弹性模量 DMOE(GPa)	密实度(%)	测点病害
①	1091	4.918	66.1	内侧有大裂纹
②	1171	5.666	70.9	外侧有密集裂纹,2mm 宽
③	1171	5.666	70.9	无
④	1148	5.446	69.5	内侧有小裂纹
⑤	1062	4.660	64.3	外侧有细小裂纹
⑥	960	3.808	58.2	无
⑦	1143	5.398	69.2	无
⑧	1137	5.342	68.9	内侧有较大裂纹,外侧有小裂纹

测点	声速 v(m/s)	动弹性模量 DMOE(GPa)	密实度(%)	测点病害
⑨	745	2.293	45.1	内侧测点附近有补丁,外侧有裂纹
⑩	1159	5.551	70.2	无
⑪	1030	4.384	62.4	外侧干裂
⑫	1030	4.384	62.4	外侧有 1mm 宽裂纹,内侧有小凹槽
⑬	848	2.971	51.4	内侧下方有凹槽
⑭	830	2.847	50.3	外侧有 2 道 1mm 宽裂纹,内侧有 5mm 宽裂纹
⑮	1176	5.715	71.2	外侧有 2 道 2mm 宽裂纹,有水泥填料
⑯	1154	5.503	69.9	无
⑰	1137	5.342	68.9	外侧有裂纹和节子
⑱	1171	5.666	70.9	内外均有小裂纹
⑲	996	4.099	60.3	内侧有密集裂纹,外侧有 5mm 宽填料缝
⑳	1182	5.773	71.6	外侧有 7mm 宽大裂纹
㉑	1182	5.773	71.6	外侧有局部裂纹
㉒	1176	5.715	71.2	内侧有 2mm 宽裂纹,外侧测点半边在石灰上
㉓	1182	5.773	71.6	外侧有 8mm 宽裂纹,腐朽,内侧上部有水泥
㉔	1182	5.773	71.6	测点附近糟朽严重,5mm 宽裂纹有水泥填补
均值	1086	4.936	65.8	—

A-34-E2 阑额超声波检测数据　　　　　　　　　　　　　　　　**表 F-7**

测点	声速 v(m/s)	动弹性模量 DMOE(GPa)	密实度(%)	测点病害
①	1326	7.266	80.3	外侧上部有节子
②	1420	8.332	86.0	无
③	1091	4.918	66.1	外侧有裂纹
④	1371	7.767	83.1	无
⑤	1548	9.902	93.8	无
⑥	1558	10.030	94.4	无
⑦	1509	9.409	91.4	无
⑧	1519	9.534	92.0	内侧有裂纹
⑨	1472	8.954	89.2	无
⑩	1364	7.688	82.6	无
⑪	1429	8.438	86.6	内外均有小裂纹
⑫	1538	9.774	93.2	无
⑬	1348	7.509	81.7	内侧有较大裂纹
⑭	1437	8.533	87.1	无
⑮	1481	9.063	89.7	无
⑯	1004	4.165	60.8	内侧有大裂纹

续表

测点	声速 v(m/s)	动弹性模量 DMOE(GPa)	密实度(%)	测点病害
⑰	1455	8.748	88.1	外侧有小裂纹
⑱	1600	10.578	96.9	无
均值	1415	8.367	85.7	—

由于超声波在检测木材中的波速与木材材性、密度、含水率、病害等因素密切相关。上表中参考声速是以初祖庵大殿以往修缮中替换下的保存完好的落叶松老料，经抗弯弹性模量试验测试得出静弹性模量折算的声速作为基准。结果表明 A-23-E1 和 D-23-E7 平均密实度较低，分别为 55.0%、65.8%，结合测点附近的病害勘察发现，南立面 A-23-E1、北立面 D-23-E7 均为上部拼接 77mm 木老料，节子较多，裂纹密布，其中北立面的 D-23-E7 腐朽问题较为严重。发现修补的填料，表明以往修复时阑额已经出现较大的裂隙和空洞。

结合选取的阑额挠曲变形测量和分析、病害勘察以及超声波检测，表明：初祖庵大殿阑额整体状况良好，但老旧阑额存在较为严重的问题；阑额的倾斜度受两侧石柱的侧脚和生起影响大；老料阑额的收分与拼接在下一阶段的研究中进一步开展；部分阑额挠度较大，密实度较低，依据规范计算后评定为残损点，并且已影响到结构的安全和正常使用，建议采取加固等修复措施。

附录 G 老料检测分析[❶]

1. 老料取样信息

在现场实地调查和观测的基础上，对初祖庵大殿上的木构件进行精细化试验检测，但鉴于初祖庵大殿的特殊历史价值和保护规定，间接选取大殿多次修缮中替换下来保存完好的老料进行试验，包括鉴定不同构件的树种，以及测定密度、含水率、抗弯和抗压强度等基本物理力学性能。由于缺乏科学系统的保护与修复机制，初祖庵大殿历次修缮中替换下来的老料完好保存的数量极为有限。位于登封市文庙街西的城隍庙，与初祖庵大殿地处同一地区，其建筑构造、木构选料等具有一定的一致性，增选了城隍庙 2017 年 12 月修缮中替换下来的不同部位的老料（图 G-1）进行测试，以供参考。取样的老料样品信息见表 G-1。

老料样品信息表　　　　　　　　　　　　　　　表 G-1

取样位置	样品编号	尺寸(mm)			病害记录
		长	宽	高	
城隍庙-飞子	F1-C	663	47/63	45/87	多处钉孔,燕尾榫口(宽 18/16mm;长 17mm)
城隍庙-交互斗	D1-C	245	178	平 68,耳 85、76	一斗耳拼接,一斗耳缺失,有烧伤痕迹

❶ 内容摘自：南京林业大学材料科学与工程学院. 登封"天地之中"历史建筑群木构古建筑现状勘察与保护研究——少林寺初祖庵大殿木构架勘察调研报告［R］.2017.

取样位置	样品编号	尺寸(mm)			病害记录
		长	宽	高	
城隍庙-檩/槫	L1-C	360	φ128	平面长90,平面高105	一端槽朽,一端多细小裂纹
初祖庵-檩/槫	L2-A	305	φ220	—	—
城隍庙-柱	Z3-C	640	φ350	空心圆环,直径6~140	白蚁蛀蚀严重
城隍庙-小木作	X1-C	350	48	75/45	钉孔

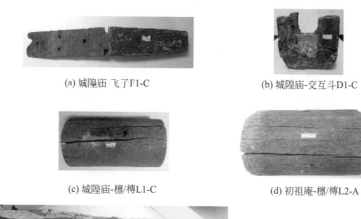

(a) 城隍庙 飞了F1-C　　　　　　(b) 城隍庙-交互斗D1-C

(c) 城隍庙-檩/槫L1-C　　　　　　(d) 初祖庵-檩/槫L2-A

(e) 城隍庙-柱Z3-C　　　　　　(f) 城隍庙-小木作X1-C

图 G-1　初祖庵和城隍庙不同木构件老料

2. 检测结果

1）树种鉴定、密度和含水率检测

初祖庵大殿和城隍庙木构件老料的鉴定由具有专业木材树种鉴定资质的南京林业大学木材科学研究所完成,鉴定结果见表 G-2。

初祖庵大殿及城隍庙老料构件树种鉴定结果　　　　　　　　表 G-2

样品编号	树种(属)	构造特征
F1-C	榆木(Ulmus 00L.)	环孔材,侵填体,Ap 环管,晚材管孔短弦列
D1-C	榆木(Ulmus L.)	环孔材,侵填体,Ap 环管,晚材管孔短弦列
L1-C	落叶松(Larix Mill.)	针叶材,早晚材急变,晚材有轴向树脂道
L2-A	落叶松(Larix Mill.)	针叶材,早晚材急变,晚材有轴向树脂道
Z3-C	麻栎(Quercus L.)	宽木射线,环孔材,晚材管孔星散径向排列,AP 弦向
X1-C	杨木(Populus L.)	散孔材

老料构件的密度和含水率测试分别参考国家标准《木材密度测定方法》GB/T 1933—2009、《木材含水率测定方法》GB/T 1931—2009 进行（2017 年检测时参考的标准，目前已废止）。试验时试验室温度：13℃；相对湿度：70％。测试结果见表 G-3 。

材料基本信息检测结果数据表　　　　　　　表 G-3

样品编号	气干密度(g/cm³)	含水率(%)
F1-C	0.661(±0.05)	9.627(±0.22)
D1-C	0.733(±0.05)	9.965(±0.35)
L1-C	0.581(±0.01)	15.045(±0.83)
L2-A	0.616(±0.02)	16.855(±0.56)
Z3-C	0.79(±0.03)	11.99(±0.65)
X1-C	0.42(±0.02)	10.62(±0.37)

注：每项指标平均值后面括号内的数值为该指标的标准差。

2）基本力学性能检测

（1）抗弯弹性模量、抗弯强度测定

参考国家标准《木材抗弯弹性模量测定方法》GB/T 1936.2—2009、《木材抗弯强度试验方法》GB/T 1936.1—2009（2017 年检测时参考的标准，目前已废止）测定木质老料的抗弯弹性模量和抗弯强度，试件尺寸为 20mm×20mm×300mm（跨距 240mm），抗弯弹性模量试验采用四点加载（图 G-2），抗弯强度试验采用三点加载（图 G-3），测试结果见表 G-4。

图 G-2　抗弯弹性模量四点加载方式　　　　图 G-3　抗弯强度三点加载方式

抗弯弹性模量、抗弯强度数据表　　　　　　　表 G-4

样品编号	弹性模量(GPa)	抗弯强度(MPa)	试件实时含水率(%)
L1-C	11.83(±0.97)	83.06(±3.29)	15.83(±0.11)
L2-A	11.26(±1.01)	82.79(±6.91)	16.73(±0.63)
Z3-C	8.97(±0.19)	78.97(±5.88)	12.45(±0.46)

注：每项指标平均值后面括号内的数值为该指标的标准差。

（2）顺纹抗压强度测定

木质老料顺纹抗压强度的测定参考国家标准《木材顺纹抗压强度试验方法》GB/T 1935—2009，试件尺寸为 20mm×20mm×30mm，采用如图 G-4 所示加载的方式，测试结果见表 G-5。

图 G-4　顺纹抗压强度试件加载方式

顺纹抗压强度数据表 表 G-5

样品编号	顺纹抗压强度（MPa）	试件实时含水率（%）
F1-C	61（±5.6）	9.33（±0.36）
D1-C	49.6（±6.1）	9.52（±0.75）
L1-C	46.8（±1.8）	15.87（±0.07）
L2-A	42.2（±1.1）	18.10（±0.44）
Z3-C	43（±6.72）	11.72（±0.51）
X1-C	11.07（±0.4）	32.6（±18.46）

注：每项指标平均值后面括号内的数值为该指标的标准差。

（3）横纹抗压强度测定

老料的横纹抗压强度测试包括全表面横纹抗压强度和局部横纹抗压强度，参考国家标准《木材横纹抗压试验方法》GB/T 1939—2009（2017 年测定时参考的标准，目前已废止），试件尺寸分别为 20mm×20mm×30mm 和 20mm×20mm×60mm，加载方式如图 G-5 所示，测试结果见表 G-6。

横纹抗压强度数据表 表 G-6

样品编号	全表面横纹抗压强度				局部横纹抗压强度			
	弦向抗压强度（MPa）	含水率（%）	径向抗压强度（MPa）	含水率（%）	弦向抗压强度（MPa）	含水率（%）	径向抗压强度（MPa）	含水率（%）
F1-C	12.62（±1.53）	8.62（±0.09）	12.86（±1.92）	8.87（±0.16）	—	—	—	—
D1-C	11.5（±1.71）	10（±0.12）	8.54（±1.67）	9.4（±0.48）	22.46（±0.48）	9.02（±0.56）	20.49（±0.38）	9.48（±0.31）

续表

样品编号	全表面横纹抗压强度				局部横纹抗压强度			
	弦向抗压强度(MPa)	含水率(%)	径向抗压强度(MPa)	含水率(%)	弦向抗压强度(MPa)	含水率(%)	径向抗压强度(MPa)	含水率(%)
L1-C	2.7 (±0.45)	14.57 (±0.31)	2.23 (±0.21)	14.74 (±0.12)	—	—	—	—
L2-A	3.46 (±0.71)	14.87 (±0.54)	1.77 (±0.26)	15.27 (±0.22)	9.59 (±2.73)	15.62 (±0.34)	6.98 (±1.6)	14.91 (±0.2)
Z3-C	—	11.83 (±0.31)	—	11.69 (±0.15)	19.07 (±2.1)	10.77 (±0.41)	28.95 (±4.72)	10.7 (±0.3)
X1-C	2.2 (±1.12)	10.73 (±0.36)	0.8 (±0.01)	10.15 (±0.21)	—	—	—	—

注：每项指标平均值下方括号内的数值为该指标的标准差。

(a) 全表面横纹抗压-弦向 　　　　　(b) 全表面横纹抗压-径向

(c) 局部横纹抗压-弦向 　　　　　(d) 局部横纹抗压-径向

图 G-5　全表面与局部抗压强度测试

（4）横纹抗压弹性模量测定

木质老料横纹抗压弹性模量的测定，参考国家标准《木材横纹抗压弹性模量测定方法》GB/T 1943—2009，试件尺寸为 20mm×20mm×60mm，加载方式如图 G-6 所示，测试结果见表 G-7。

(a) 横纹抗压弹性模量-弦向

(b) 横纹抗压弹性模量-径向

图 G-6　横纹抗压弹性模量测试

横纹抗压弹性模量数据表　　　　　　　　　　　　　表 G-7

样品编号	横纹弦向抗压弹性模量(MPa)	试件实时含水率(%)	横纹径向抗压弹性模量(MPa)	试件实时含水率(%)
L2-A	—	—	382.83(±23.33)	17.98(±0.63)
Z3-C	645.95(±79.65)	10.86(±0.22)	343.61(±36.76)	11.17(±0.06)

注：每项指标平均值后面括号内的数值为该指标的标准差。

附录 H　石柱测绘及病害勘察分析[❶]

初祖庵大殿为抬梁式建筑，支撑梁架的柱网体系的稳定性直接决定了初祖庵大殿的整体梁架结构的稳定。本次勘察对初祖庵大殿石柱柱网进行病害调查、数字建模、统计分析，并评价结构的安全现状。对初祖庵大殿石柱柱网进行现状残损的评估为后续初祖庵大殿整体结构的安全评估、维护保养及抗震加固等工作奠定了基础。

1. 石柱柱网平面测绘

初祖庵大殿面阔和进深各三间，大殿的整个木构架承重体系由 12 根八角形石柱和 4 根四边形方柱支撑，其中包括檐柱 12 根和金柱 4 根。勘察中通过手工测量，测绘了现场柱网平面尺寸，建立了柱网平面模型。根据大殿石柱实际分布情况（图 H-1），其中 C1、C4、D1、D4 柱被完全包在土墙内部无法测量，图中用虚线标注示意。

2. 石柱收分测绘

初祖庵大殿石柱为八棱柱结构，柱头较柱脚略细，带有一定收分，通过测绘计算各石柱收分，有助于理解和判断初祖庵大殿在建造时参考的工程规范，及探索初祖庵大殿是否有独特石柱的收分设计。

---

　　❶ 内容摘自：南京林业大学材料科学与工程学院．登封"天地之中"历史建筑群木构古建筑现状勘察与保护研究——少林寺初祖庵大殿木构架勘察调研报告［R］．2017.

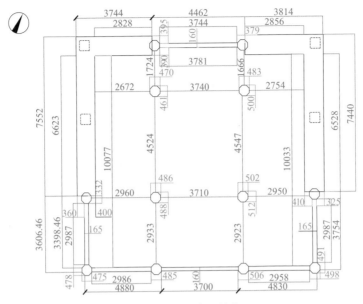

图 H-1　柱网平面尺寸（单位：mm）

　　测绘采用人工测量方法，从柱脚至柱头，垂直高度 2m 以下位置每隔 500mm 取一测量点，分别测量八个方向各棱边长度，2m 以上每隔 100mm 取点测量一次。初祖庵大殿石柱 C1、C4、D1、D4 完全被包在土墙内部，无法测量。大殿内部 B2、B3、C′2、C′3（C′2、C′3 两根石柱因移柱造，与 C1、C4 柱并不在同一面内，作特殊标记）四根石柱测量了 2m 以下部分的尺寸，较高处因无法为斜梯提供稳定的支撑点，未在高度方向上全部测量。南立面 A1、A2、A3、A4、西面 B1、东面 B4 和北面 D2、D3 八根石柱进行了全面的取点测绘。测绘后根据数据绘制了如图 H-2 所示的柱网模型图。

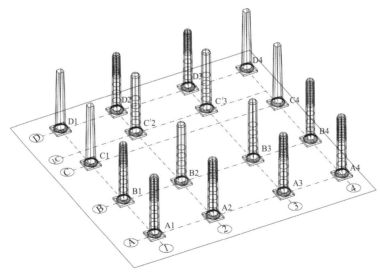

图 H-2　初祖庵大殿石柱实测数据模型图

根据测绘数据分段计算初祖庵大殿石柱的收分，每段高度棱长取平均值后折算出该高度八棱柱的半径长度 Rh，从下往上依次计算半径之差 ΔR 与高度之差 Δh 的比值 Sh 为该高度分段处的收分，即 $Sh = \Delta R / \Delta h$。该石柱各分段高度收分的平均值作为该石柱的收分值。各测量的石柱收分计算结果见表 H-1。

初祖庵大殿石柱收分计算结果 表 H-1

编号	A1	A2	A3	A4	B1	B4	D2	D3
收分	0.065	0.036	0.024	0.061	0.028	0.021	0.028	0.009

初祖庵大殿石柱平均收分为 0.034，与《营造法式》规定大式建筑柱子的收分 7/1000 相比较大。

3. 石柱倾斜度及柱础水平度测量

勘察中采用铅锤法人工测量初祖庵大殿石柱的倾角，从柱顶将铅锤定位至柱脚与柱础相交处，记录石柱高度和铅垂线距离石柱棱边的水平距离，石柱底与石柱顶水平距离之差与石柱高度之比为石柱某一面的倾斜度。每根石柱的东、西和南、北向的倾斜度合计后为该石柱的实际倾斜情况。除石柱 C1、C4、D1、D4 被墙体包覆，石柱 B1、B4、D2、D3 与墙体搭接，只测量了一个方向的倾斜，其他石柱测量了东西向和南北向的倾斜情况。初祖庵大殿石柱倾斜情况如图 H-3、图 H-4 所示。

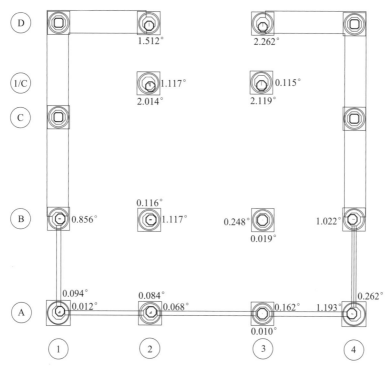

图 H-3 初祖庵大殿石柱倾斜情况

从图 H-3 可以发现初祖庵大殿石柱 C′2、C′3、D2、D3 倾斜角度过大，除 D3 观察到

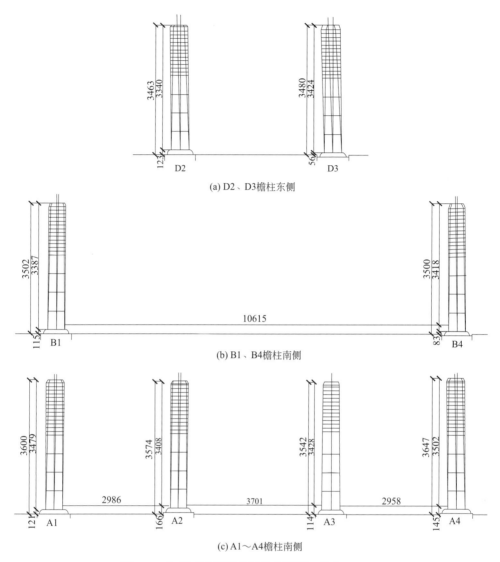

(a) D2、D3檐柱东侧

(b) B1、B4檐柱南侧

(c) A1～A4檐柱南侧

图 H-4　初祖庵大殿部分石柱立面图（单位：mm）

石柱中部明显的横向断裂，其他三根石柱可能存在不明显的断裂情况，其他石柱整体倾斜幅度正常，大部分向心倾斜，南立面 A3 石柱向南倾斜了 0.010°，向东倾斜了 0.162°；B3 石柱向南倾斜了 0.019°；C′3 石柱向东倾斜了 0.115°。

　　勘察时除测量石柱高度方向倾斜外，还利用水平仪测量了石柱底部柱础的东西向和南北向的水平度，测量石柱的柱础水平度如图 H-5 所示。

　　柱础平面水平度整体上并未呈现明显的规律性。柱础作用之一是为上部石柱提供一个稳定的水平基础，使石柱自重及其传递的上部荷载有效地传递至地面，并防止其下沉。此次调研勘察得到的柱础水平度是柱础自然调节沉降的结果，最大倾斜为 B4 柱础南侧 4.5°，整体倾斜不大，且勘察中发现在以往修复中对水平度较差的柱础平面上石柱的底部填充了泥料，初祖庵大殿石柱柱础对上部石柱柱网整体稳定性没有明显影响。

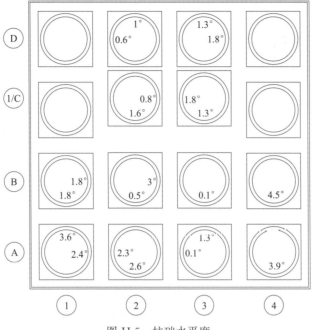

图 H-5　柱础水平度

4. 石柱病害勘察

初祖庵大殿石柱构造在中国古代木结构建筑中较为罕见，其表面雕刻精美，是中华文明的瑰宝。石材相对木材较稳定，耐久性强，此次勘察采用观测的方式记录初祖庵大殿石柱的病害情况。石柱的病害情况主要分为柱础局部缺失表面不平整、柱脚与柱础连接处破损、柱边缺棱以及横向和纵向裂缝等，表 H-2 所示为较为显著的病害情况标记。

石柱病害情况　　　　　　　　　　　　　　　　　　　　　表 H-2

编号	病害情况		
A1	东南角柱础破损	西北角柱面破损	西南角柱脚水泥接缝
A2	北面柱础破损	东北面柱棱破损	

编号	病害情况		
A3	水泥补接		
A4	西南面裂缝	西南面缺棱	
B1	无明显破坏		
B2	北面柱脚破损	西北柱脚破损	西面柱脚破损
B3	北面柱脚破损	西北柱础破损	西北柱脚破损
B4	无明显破坏		
C′2	北面根部有水泥修补痕迹	东北角根部有水泥修补痕迹	西南面根部有水泥修补痕迹
C′3	东南角柱础破损		
D2	无明显破坏		

续表

编号	病害情况
D3	 柱子中部断裂

柱础部分 A1 东南角、A2 北面、B3 西北角和 C′3 东南角有破损,可能由于磕碰所致或为柱础固有的破损,自然风化的可能性比较低,对结构稳定性的影响不大,建议采用水泥修复完整为宜。柱脚部分 A1 西南角,B2 北面、西北面和西面,B3 北面和西北面,C′2 北面、东北角和西南角根部以及 C′3 东南角均有较为严重的破损,并有多处较明显的以往水泥修补的痕迹。其中 B2、B3、C′2 破坏性程度较大,建议采取措施修补。北立面 D3 柱中部断裂,且有明显的内倾趋势,建议对檐柱 D3 重点监测和采取必要的加固措施,防止侧倾的扩大而危及大殿整体结构的安全。

附录 I　初祖庵大殿病害等级评定标准

1. 结构病害

初祖庵大殿结构有地基与基础不均匀沉降、木结构整体倾斜、木结构局部倾斜、木构架间连系减弱、梁柱节点的连接减弱、梁架间榫卯的连接减弱共六大主要病害。具体病害评估标准见表 I-1~表 I-7。

1)地基与基础不均匀沉降

按地基稳定性或变形(房屋沉降)情况鉴定参考《古建筑木结构维护与加固技术标准》GB/T 50165—2020、《历史风貌建筑安全性鉴定规程》DB12/T 571—2015。

(1)当地基与基础的安全性按地基稳定性评级时,应按下列标准评定其病害劣化等级:

地基与基础不均匀沉降程度等级鉴定标准 01　　　　　表 I-1

检查项目	A级	B级	C级	D级
地基与基础不均匀沉降	建筑场地地基稳定,无滑动迹象及滑动史	建筑场地地基在历史上曾有过局部滑动,经治理后已停止滑动,且近期评估表明,在一般情况下,不会再滑动	建筑场地地基在历史上发生过滑动,目前虽已停止滑动,但若触动诱发因素,今后仍有可能再滑动	建筑场地地基在历史上发生过滑动,目前又有滑动或滑动迹象

(2)当地基(或基础)的安全性按地基变形(房屋沉降)观测资料或其上部结构反应的检查结果评定时,应按下列标准评定其病害劣化等级:

地基与基础不均匀沉降程度等级鉴定标准 02　　　表 I-2

检查项目	A 级	B 级	C 级	D 级
地基与基础不均匀沉降	不均匀沉降小于现行国家标准《建筑地基基础设计规范》GB 50007—2011 规定的允许限值。房屋无沉降裂缝、变形或位移	不均匀沉降不大于现行国家标准《建筑地基基础设计规范》GB 50007—2011 规定的允许限值或连续两个月地基沉降速率符合《建筑变形测量规范》JGJ 8—2016 有关规定；或建筑物上部结构砌体部分虽有轻微裂缝，但无发展迹象	不均匀沉降大于现行国家标准《建筑地基基础设计规范》GB 50007—2011 规定的允许限值或连续两个月地基沉降速率大于 0.017mm/d，或建筑物上部结构砌体部分出现宽度大于 5mm 的沉降裂缝，且沉降裂缝的发展短期内无终止趋势	不均匀沉降远大于现行国家标准《建筑地基基础设计规范》GB 50007—2011 规定的允许限值。或连续两个月地基沉降速率大于 0.017mm/d，且尚有变快趋势；或建筑物上部结构砌体部分出现宽度大于 10mm 的沉降裂缝，且沉降裂缝的发展短期内无终止趋势

2）木结构整体倾斜

按木结构倾斜量鉴定参考《古建筑木结构维护与加固技术标准》GB/T 50165—2020。

木结构整体倾斜程度等级鉴定标准　　　表 I-3

检查项目	A 级	B 级	C 级	D 级
木结构整体倾斜	木构架连接完好，无任何倾斜现象	未发现有沿结构平面内外倾斜，或仅有施工允许偏差范围内的倾斜	结构平面内倾值小于结构定点高度的 1/200	结构平面内倾值已大于或等于结构定点高度的 1/200

3）木结构局部倾斜

按木结构局部倾斜量鉴定参考《古建筑木结构维护与加固技术标准》GB/T 50165—2020。

木结构局部倾斜程度等级鉴定标准　　　表 I-4

检查项目	A 级	B 级	C 级	D 级
木结构局部倾斜	木构架连接完好，无任何倾斜现象	未发现柱头与柱脚间的相对位移，仅有施工允许偏差范围内的倾斜	柱头与柱脚间的相对位移 $<L/100$（L 为柱的无支长度）	柱头与柱脚间的相对位移 $\geqslant L/100$（L 为柱的无支长度）

4）木构架间连系减弱

按木构架连系情况鉴定参考《古建筑木结构维护与加固技术标准》GB/T 50165—2020。

木构架间连系减弱程度等级鉴定标准　　　表 I-5

检查项目	A 级	B 级	C 级	D 级
木构架间连系减弱	纵向梁、方及其他连系构件现状完好或基本完好	纵向梁、方及其他连系构件现状有松动的趋向	纵向梁、方及其他连系构件现状已残损或松动	纵向梁、方及其他连系构件现状严重残损或松动

5）梁柱节点的连接减弱

按梁柱节点的连接情况鉴定参考《古建筑木结构维护与加固技术标准》GB/T
50165—2020。

梁柱节点的连接减弱程度等级鉴定标准　　　　　　　　　表 I-6

检查项目	A 级	B 级	C 级	D 级
梁柱节点的连接减弱	拉结构造完整及榫卯完好	基本完好,有轻微缺陷	榫头已拔长度<2/5榫长	榫头已拔长度≥2/5榫长,或已劈裂

6）梁架间榫卯的连接减弱

按梁架间榫卯完好度鉴定参考《古建筑木结构维护与加固技术标准》GB/T
50165—2020。

梁架间榫卯连接减弱程度等级鉴定标准　　　　　　　　　表 I-7

检查项目	A 级	B 级	C 级	D 级
梁架间榫卯连接减弱	梁架间榫卯连接完好或基本完好	连接方式正确,仅有局部表面缺陷	有劈裂、断裂或有压缩量大于 4mm 的横纹压缩变形	榫卯已腐朽、虫蛀或有严重潮湿

2. 构造病害

构造病害按部位分为阶基病害、墙体病害、门窗病害、石柱病害、铺作病害、梁架病害和屋盖病害共七种,主要包括建筑各部位的整体或局部的病害情况。具体病害评估标准见表 I-8～表 I-36。

1）阶基病害

（1）阶基鼓胀

按阶基鼓胀值 d 鉴定参考《古建筑木结构维护与加固技术标准》GB/T 50165—2020。

阶基鼓胀程度等级鉴定标准　　　　　　　　　表 I- 8

检查项目	a 级	b 级	c 级	d 级
阶基鼓胀	稳定状态,无明显鼓胀现象	$d<3cm$	$3cm \leqslant d<5cm$	$d \geqslant 5cm$

（2）阶基裂缝

按阶基裂缝原因及宽度鉴定参考《古建筑木结构维护与加固技术标准》GB/T
50165—2020。

阶基裂缝程度等级鉴定标准　　　　　　　　　表 I-9

检查项目	a 级	b 级	c 级	d 级
阶基裂缝	表面无明显裂缝现象	非受力引起的裂缝,纵横墙连接处有通长的竖向裂缝;裂缝宽度<5mm	非受力引起的裂缝;宽度≥5mm	地基沉陷或其他受力引起的裂缝,出现沿砖块断裂的竖向或横向裂缝

（3）散水排水不畅

按散水排水情况鉴定参考《历史风貌建筑安全性鉴定规程》DB12/T 571—2015。

散水排水不畅程度等级鉴定标准　　　　　　　　　　　表 I-10

检查项目	a 级	b 级	c 级	d 级
散水排水不畅	散水排水流畅或无明显病害	局部散水排水不畅，表面可形成积水，但对阶基无其他影响	局部散水表面易形成积水，且对阶基有一定的危害	因地基沉降导致散水下沉形成大面积积水

2）墙体病害

（1）墙体倾斜或侧向位移

按墙体倾斜或侧向位移倾斜量与墙高的比值 ρ 鉴定参考《古建筑木结构维护与加固技术标准》GB/T 50165—2020。

墙体倾斜或侧向位移程度等级鉴定标准　　　　　　　　　　表 I-11

检查项目		a 级	b 级	c 级	d 级
墙体倾斜或侧向位移	土墙	无任何方向倾斜现象	未发现有沿结构平面内外倾斜，或仅有施工允许偏差范围内的倾斜	$\rho<1/70$	$\rho\geqslant1/70$
	石墙	无任何方向倾斜现象	未发现有沿结构平面内外倾斜，或仅有施工允许偏差范围内的倾斜	$\rho<1/85$	$\rho\geqslant1/85$

（2）墙体下沉

按墙体下沉值与墙高比值鉴定参考《近现代历史建筑结构安全性评估导则》WW/T 0048—2014。

墙体下沉程度等级鉴定标准　　　　　　　　　　　表 I-12

检查项目	a 级	b 级	c 级	d 级
墙体下沉	场地地基稳定，无明显沉降现象	历史上曾有过沉降现象，经治理后病害已停止发展	出现不均匀沉降导致倾斜率或沉降率<7%时	出现不均匀沉降导致倾斜率或沉降率≥7%时

（3）墙面鼓胀

按墙面鼓胀值 d 鉴定参考《近现代历史建筑结构安全性评估导则》WW/T 0048—2014。

墙面鼓胀程度等级鉴定标准　　　　　　　　　　　表 I-13

检查项目	a 级	b 级	c 级	d 级
墙面鼓胀	无明显鼓胀现象	$d<3cm$	$3cm\leqslant d<5cm$	$d\geqslant5cm$

（4）墙体受潮

按墙体受潮面积与所在建筑立面面积比值 ρ 鉴定参考《古建筑木结构维护与加固技术标准》GB/T 50165—2020。

墙体受潮程度等级鉴定标准 表 I-14

检查项目	a 级	b 级	c 级	d 级
墙体受潮	无明受潮现象	表面现状无受潮现象，但局部留有水渍	$\rho < 1/3$	$\rho \geqslant 1/3$

（5）墙体风化酥碱

按墙体在 1m 的任一区段中量测其平均风化程度与墙体厚度之比 ρ 鉴定参考《近现代历史建筑结构安全性评估导则》WW/T 0048—2014。

墙体风化酥碱程度等级鉴定标准 表 I-15

检查项目	a 级	b 级	c 级	d 级
墙体风化酥碱	无风化酥碱现象	表面存在轻微风化或老化现象	$\rho \leqslant 1/5$	$\rho > 1/5$

（6）墙体破损

按墙体在 1m 的任一区段中量测其平均破损程度与墙体厚度之比 ρ 鉴定参考《近现代历史建筑结构安全性评估导则》WW/T 0048—2014。

墙体破损程度等级鉴定标准 表 I-16

检查项目	a 级	b 级	c 级	d 级
墙体破损	无明显破损现象	表面轻微风化或老化或破损只存在墙体表面	$\rho \leqslant 1/5$	$\rho > 1/5$

（7）墙面裂缝

按墙面裂缝原因及宽度鉴定参考《古建筑木结构维护与加固技术标准》GB/T 50165—2020。

墙面裂缝程度等级鉴定标准 表 I-17

检查项目	a 级	b 级	c 级	d 级
墙面裂缝	表面无明显裂缝现象	非受力引起的裂缝，纵横墙连接处有通长的竖向裂缝；裂缝宽度 $< 5\text{mm}$	非受力引起的裂缝；宽度 $\geqslant 5\text{mm}$	地基沉陷或其他受力引起的裂缝，出现沿砖块断裂的竖向或横向裂缝

3）门窗病害

（1）构件变形

按构件侧向弯曲失高 ω 鉴定参考《古建筑木结构维护与加固技术标准》GB/T

50165—2020。

构件变形程度等级鉴定标准 表 I-18

检查项目	a 级	b 级	c 级	d 级
构件变形	无侧弯变形现象	有微小的侧向弯曲变形现象，但属于材料允许范围内的变形或弯曲	$\omega > L/200$	$\omega \leqslant L/200$

（2）构件脱榫

按构件脱榫长度鉴定参考《古建筑木结构维护与加固技术标准》GB/T 50165—2020。

构件脱榫程度等级鉴定标准 表 I-19

检查项目	a 级	b 级	c 级	d 级
构件脱榫	完好或基本完好	轻微脱榫	榫头已拔长度＜2/5榫长	榫头已拔长度≥2/5榫长

（3）构件破损开裂

按构件破损开裂程度鉴定参考《古建筑木结构维护与加固技术标准》GB/T 50165—2020。

构件破损开裂程度等级鉴定标准 表 I-20

检查项目	a 级	b 级	c 级	d 级
构件破损开裂	完好或基本完好	表面有轻微裂纹	表面微裂纹＜1cm	表面微裂纹≥1cm

（4）构件缺失

按构件缺失量及影响程度鉴定参考《古建筑木结构维护与加固技术标准》GB/T 50165—2020。

构件缺失程度等级鉴定标准 表 I-21

检查项目	a 级	b 级	c 级	d 级
构件缺失	构件无明显缺失现象	个别构件缺失	构件缺失一半以下	相同构件全部缺失

4）石柱病害

（1）柱础沉陷

按柱础沉陷情况鉴定——参考《古建筑木结构维护与加固技术标准》GB/T 50165—2020。

柱础沉陷程度等级鉴定标准 表 I-22

检查项目	a 级	b 级	c 级	d 级
柱础沉陷	无沉陷现象	有微小的沉陷现象	有明显的沉陷现象	柱础沉陷导致上部结构倾斜等

（2）石柱倾斜

按石柱倾斜情况鉴定参考《古建筑木结构维护与加固技术标准》GB/T 50165—2020。

石柱倾斜程度等级鉴定标准　　　　　表 I-23

检查项目	a 级	b 级	c 级	d 级
石柱倾斜	无倾斜现象	有微小倾斜现象	微小倾斜，且有进一步发展的趋势，或因裂缝及断裂导致的倾斜现象	存在明显的沿结构平面内或外倾斜

（3）柱脚错位

按柱脚与柱础之间错位量与柱径或柱截面沿错位方向尺寸之比 ρ 鉴定参考《古建筑木结构维护与加固技术标准》GB/T 50165—2020。

柱脚错位程度等级鉴定标准　　　　　表 I-24

检查项目	a 级	b 级	c 级	d 级
柱脚错位	柱脚与柱础相对位置无偏移	柱脚与柱础相对位置有微小的位移	$\rho < 1/6$	$\rho \geqslant 1/6$

（4）柱脚与柱础抵承状况

按柱脚底面在柱础间实际抵承面积与柱脚处柱的原截面面积之比 ρ 鉴定参考《古建筑木结构维护与加固技术标准》GB/T 50165—2020。

柱脚与柱础抵承状况程度等级鉴定标准　　　　　表 I-25

检查项目	a 级	b 级	c 级	d 级
柱脚与柱础抵承状况	柱脚与柱础抵承关系完好	抵承关系完好，有微小的位移现象	$\rho \geqslant 2/3$	$\rho < 2/3$

5）铺作病害

（1）整朵铺作变形、扭闪

按整朵铺作变形、扭闪的相对挠度 ω 情况鉴定参考《古建筑木结构维护与加固技术标准》GB/T 50165—2020。

整朵铺作变形、扭闪程度等级鉴定标准　　　　　表 I-26

检查项目	a 级	b 级	c 级	d 级
整朵铺作变形、扭闪	铺作无明显变形、扭闪现象	抵承关系正确，有微小的位移现象	$\omega \leqslant 1/120$	$\omega > 1/120$ 或斗的压陷超过 3mm 或斗的扭曲超过 3mm，或有劈裂、偏斜、移位现象

（2）构件贴合不紧

按构件间缝隙大小进行鉴定参考《古建筑木结构维护与加固技术标准》GB/T 50165—2020。

构件贴合不紧程度等级鉴定标准   表 I-27

检查项目	a 级	b 级	c 级	d 级
构件贴合不紧	构件间无明显缝隙	构件间有较小缝隙	构件间缝隙≤1cm	构件间缝隙＞1cm

（3）栱翘折断或小斗脱落

按栱翘折断或小斗脱落情况鉴定参考《古建筑木结构维护与加固技术标准》GB/T 50165—2020。

栱翘折断或小斗脱落程度等级鉴定标准   表 I-28

检查项目	a 级	b 级	c 级	d 级
栱翘折断或小斗脱落	无明显折断、脱落现象	仅小斗有轻微脱落现象	栱翘折断或小斗脱落	栱翘折断，小斗脱落，且每一方下有连续两处发生

（4）大斗偏斜或移位

按大斗偏斜或移位的相对挠度 ω 鉴定参考《古建筑木结构维护与加固技术标准》GB/T 50165—2020。

大斗偏斜或移位程度等级鉴定标准   表 I-29

检查项目	a 级	b 级	c 级	d 级
大斗偏斜或移位	无明显偏斜、移位现象	有微小的偏斜或移位	$\omega \leqslant 1/120$	$\omega＞1/120$ 或斗的扭曲超过 3mm，或有劈裂、偏斜、移位现象

（5）构件破损和劈裂

按构件破损和劈裂情况鉴定参考《古建筑木结构维护与加固技术标准》GB/T 50165—2020。

构件破损和劈裂程度等级鉴定标准   表 I-30

检查项目	a 级	b 级	c 级	d 级
构件破损和劈裂	无明显破损和劈裂	有微小的裂纹现象	有破损和劈裂现象	有明显受力，产生破损和劈裂现象

6）梁架病害

（1）弯曲变形

按梁架竖向挠度和侧向弯曲 ω（竖向 ω_1、侧向 ω_2）鉴定参考《古建筑木结构维护与加固技术标准》GB/T 50165—2020。

弯曲变形程度等级鉴定标准

表 I-31

检查项目		a 级	b 级	c 级	d 级
弯曲变形	竖向挠度	无弯曲变形现象	有微小的弯曲变形现象,但属于材料允许范围内的变形或弯曲	$H/L>1/14$ 时竖向挠度最大值 $\omega_1>L^2/2000h$	$H/L\leq1/14$ 时竖向挠度最大值 $\omega_1>L/150$
	侧向弯曲	无侧弯变形现象	有微小的侧弯变形现象,但属于材料允许范围内的变形或弯曲	$\omega_2\leq L/200$	$\omega_2>L/200$

（2）端部劈裂

按端部劈裂情况鉴定参考《古建筑木结构维护与加固技术标准》GB/T 50165—2020。

端部劈裂程度等级鉴定标准

表 I-32

检查项目	a 级	b 级	c 级	d 级
端部劈裂	无明显劈裂现象	表面可见微小的裂纹现象	有明显的裂纹现象	由受力引起的横向或纵向裂缝

（3）木构脱榫

按木构脱榫长度鉴定参考《古建筑木结构维护与加固技术标准》GB/T 50165—2020。

木构脱榫程度等级鉴定标准

表 I-33

检查项目	a 级	b 级	c 级	d 级
木构脱榫	完好或基本完好	轻微脱榫	榫头已拔长度<2/5 榫长	榫头已拔长度≥2/5 榫长

7）屋盖病害

（1）木基层下沉

按木基层下沉量鉴定参考《古建筑木结构维护与加固技术标准》GB/T 50165—2020。

木基层下沉程度等级鉴定标准

表 I-34

检查项目	a 级	b 级	c 级	d 级
木基层下沉	无明显沉降现象	未发现有沿结构平面沉降,或仅有施工允许偏差范围内的沉降	结构平面沉降值小于结构定点高度的1/200	结构平面沉降值已大于或等于结构定点高度的1/200

（2）木基层断裂

按木基层断裂面积与整体木基层面积比值 k 鉴定参考《古建筑木结构维护与加固技术标准》GB/T 50165—2020。

木基层断裂程度等级鉴定标准 表 I-35

检查项目	a 级	b 级	c 级	d 级
木基层断裂	保存完好,无断裂现象	病害只存在于表面	$k<1/5$	$k\geqslant1/5$

（3）木基层受潮

按木基层受潮面积与所在建筑立面面积比值 ρ 鉴定参考《古建筑木结构维护与加固技术标准》GB/T 50165—2020。

木基层受潮程度等级鉴定标准 表 I-36

检查项目	a 级	b 级	c 级	d 级
木基层受潮	无受潮现象	无受潮现象,但局部留有水渍	$\rho<1/5$	$\rho\geqslant1/5$

3. 材料病害

初祖庵大殿建筑使用材料包括青砖、石材、土坯、木材、瓦件、灰浆、油饰彩画,通过对相关规范及技术标准中建筑材料病害类型分析研究,初祖庵大殿建筑材料常见的病害类型有断裂或碎裂、腐朽、风化、层状剥落、虫蛀、构件折断、构件劈裂、结垢、石瑕、缺棱掉角、泛霜、植物损害、动物损害等。

材料病害鉴定等级主要依据材料所属构造的位置或材料病变后对建筑结构、构造及其他材料的影响力进行判断。具体病害评估标准见表 I-37～表 I-63。

1）青砖

（1）缺失

按青砖缺失病害程度鉴定参考《古建筑木结构维护与加固技术标准》GB/T 50165—2020。

缺失程度等级鉴定标准 表 I-37

检查项目	a 级	b 级	c 级	d 级
缺失	仅存点状缺失	在一定区域内或同一立面,存在多处缺失	缺失引发其他构造或材料病害的隐患	缺失数量较多,且已引发其他构造或材料病害

（2）断裂或碎裂

按青砖断裂或碎裂病害程度鉴定参考《古建筑木结构维护与加固技术标准》GB/T 50165—2020。

断裂或碎裂程度等级鉴定标准   表 I-38

检查项目	a 级	b 级	c 级	d 级
断裂或碎裂	仅存点状断裂或碎裂	在一定区域内或同一立面存在多处断裂或碎裂	断裂或碎裂,对建筑风貌有一定影响	断裂或碎裂数量较多,严重影响建筑风貌

（3）风化

按青砖风化厚度与砖体横截面厚度 ρ 鉴定参考《近现代历史建筑结构安全性评估导则》WW/T 0048—2014。

风化程度等级鉴定标准   表 I-39

检查项目	a 级	b 级	c 级	d 级
风化	表面无明显风化痕迹	表面存在轻微风化现象	$1/6 < \rho \le 1/3$	$\rho > 1/3$

2）石材

（1）断裂

按石材断裂病害带来的影响程度鉴定参考《古建筑木结构维护与加固技术标准》GB/T 50165—2020。

断裂程度等级鉴定标准   表 I-40

检查项目	a 级	b 级	c 级	d 级
断裂	仅存点状断裂	在一定区域内或同一立面存在多处断裂的现象	断裂已引起构件移位等现象	断裂数量较多,严重影响建筑风貌,且对构造产生安全隐患

（2）层状剥落

按石材剥落厚度与石材截面之比 ρ 鉴定参考《可移动文物病害评估技术规程 石质文物》WW/T 0062—2014。

层状剥落程度等级鉴定标准   表 I-41

检查项目	a 级	b 级	c 级	d 级
层状剥落	表面完整	表面存在轻微风化或老化现象	$\rho \le 1/5$	$\rho > 1/5$

（3）缺棱掉角

按石材棱边或角缺损程度鉴定参考《文物建筑维修基本材料 石材》WW/T 0052—2014。

缺棱掉角程度等级鉴定标准 表 I-42

检查项目	a级	b级	c级	d级
缺棱掉角	无明显缺棱掉角	缺棱掉角深度<1cm	1cm≤缺棱掉角深度<3cm	缺棱掉角深度≥3cm

（4）结垢

按石材表面结垢量鉴定参考《古代建筑彩画病害与图示》WW/T 0030—2010。

结垢程度等级鉴定标准 表 I-43

检查项目	a级	b级	c级	d级
结垢	表面仅存点状结垢	表面局部结垢，但不影响建筑风貌	表面局部结垢，已影响建筑风貌	大面积结垢，对建筑风貌有较大影响

（5）石瑕

按石材表面产生石瑕量鉴定参考《文物建筑维修基本材料　石材》WW/T 0052—2014。

石瑕程度等级鉴定标准 表 I-44

检查项目	a级	b级	c级	d级
石瑕	表面仅存点状石瑕	表面局部石瑕溢出，但不影响建筑风貌	表面局部石瑕溢出，已影响建筑风貌	大面积产生石瑕，对建筑风貌有较大影响

（6）泛霜

按石材表面泛霜量鉴定参考《文物建筑维修基本材料　青砖》WW/T 0049—2014。

泛霜程度等级鉴定标准 表 I-45

检查项目	a级	b级	c级	d级
泛霜	表面仅存点状泛霜	表面局部泛霜，但不影响建筑风貌	表面局部泛霜，已影响建筑风貌	大面积泛霜，对建筑风貌有较大影响

3）土坯

（1）断裂或碎裂

按土坯断裂或碎裂病害程度鉴定参考《古建筑木结构维护与加固技术标准》GB/T 50165—2020。

断裂或碎裂程度等级鉴定标准 表 I-46

检查项目	a级	b级	c级	d级
断裂或碎裂	仅存点状断裂或碎裂	在一定区域内或同一立面存在多处断裂或碎裂	存在断裂或碎裂，对建筑风貌有一定影响	断裂或碎裂数量较多，严重影响建筑风貌

（2）风化

按土坯风化程度与墙体厚度之比 ρ 鉴定参考《近现代历史建筑结构安全性评估导则》WW/T 0048—2014。

风化程度等级鉴定标准　　　　　　　　　　　　　　　　　　　表 I-47

检查项目	a 级	b 级	c 级	d 级
风化	无风化酥碱现象	存在轻微风化或老化现象	$\rho \leqslant 1/5$	$\rho > 1/5$

4）木材

（1）腐朽

按木材腐朽程度鉴定参考《古建筑木结构维护与加固技术标准》GB/T 50165—2020。

腐朽程度等级鉴定标准　　　　　　　　　　　　　　　　　　　表 I-48

检查项目	a 级	b 级	c 级	d 级
腐朽	表面无明显腐朽现象	表面轻微腐朽现象,有细小的裂纹现象	腐朽深度小于木材横截面 1/3	腐朽深度大于等于木材横截面 1/3

（2）老化

按木材老化程度鉴定参考《古建筑木结构维护与加固技术标准》GB/T 50165—2020。

老化程度等级鉴定标准　　　　　　　　　　　　　　　　　　　表 I-49

检查项目	a 级	b 级	c 级	d 级
老化	表面无明显老化现象	表面存在轻微老化现象	老化已影响建筑风貌	老化已影响单个构件使用

（3）裂纹

按木材裂纹宽度鉴定参考《古建筑木结构维护与加固技术标准》GB/T 50165—2020。

干缩裂缝程度等级鉴定标准　　　　　　　　　　　　　　　　　表 I-50

检查项目	a 级	b 级	c 级	d 级
裂纹	表面无明显裂纹	表面存在细小的裂纹	裂纹宽度 <1cm	裂纹宽度 ≥1cm

（4）虫蛀

按虫蛀情况鉴定参考《古建筑木结构维护与加固技术标准》GB/T 50165—2020。

虫蛀程度等级鉴定标准　　　　　　　　　　　　　　　　表 I-51

检查项目	a 级	b 级	c 级	d 级
虫蛀	表面无明显虫蛀或腐蚀现象	—	—	有明显虫蛀孔洞,或未见孔洞,但敲击有空鼓音

（5）动物损害

按动物损害程度鉴定参考《古建筑木结构维护与加固技术标准》GB/T 50165—2020。

动物损害程度等级鉴定标准　　　　　　　　　　　　　　　　表 I-52

检查项目	a 级	b 级	c 级	d 级
动物损害	表面无明显损害现象	表面局部点状遗留动物抓痕及鸟粪	鸟粪污染面积小于木构件表面面积的 1/2	飞行类动物在建造木材处筑巢,鸟粪污染面积大于等于木构件表面面积的 1/2

5）瓦件

（1）结垢

按瓦件结垢量鉴定参考《古代建筑彩画病害与图示》WW/T 0030—2010。

结垢程度等级鉴定标准　　　　　　　　　　　　　　　　表 I-53

检查项目	a 级	b 级	c 级	d 级
结垢	表面仅存点状结垢	表面局部或人面积结垢,但不影响建筑风貌	表面局部或大面积结垢,已影响建筑风貌	局部或大面积结垢,对建筑风貌有较大影响

（2）断裂或碎裂

按瓦件断裂或碎裂病害程度鉴定参考《古建筑木结构维护与加固技术标准》GB/T 50165—2020。

断裂或碎裂程度等级鉴定标准　　　　　　　　　　　　　　　　表 I-54

检查项目	a 级	b 级	c 级	d 级
断裂或碎裂	仅存点状断裂或碎裂	在一定区域内或同一立面存在多处断裂或碎裂	断裂或碎裂已影响屋面安全	断裂或碎裂数量较多,严重影响屋面安全

（3）松动或缺失

按瓦件松动或缺失面积与屋面面积之比 k 鉴定参考《古建筑木结构维护与加固技术标准》GB/T 50165—2020。

松动或缺失程度等级鉴定标准　　　　　　　　　　　　　　　　表 I-55

检查项目	a 级	b 级	c 级	d 级
松动或缺失	无松动或缺失现象	仅局部点状松动或缺失	$k<1/5$	$k\geqslant1/5$

6）灰浆

（1）风化或流失

按灰浆风化或流失病害程度鉴定参考《古建筑木结构维护与加固技术标准》GB/T 50165—2020。

风化或流失程度等级鉴定标准　　　　　　　　　　　　　　　　表 I-56

检查项目	a 级	b 级	c 级	d 级
风化或流失	表面无明显风化或流失现象	轻微风化或流失	最大风化或流失深度 <10mm	最大风化或流失深度 $\geqslant10$mm

（2）抹灰空鼓

按灰浆空鼓值 d 鉴定参考《古建筑木结构维护与加固技术标准》GB/T 50165—2020。

抹灰空鼓程度等级鉴定标准　　　　　　　　　　　　　　　　表 I-57

检查项目	a 级	b 级	c 级	d 级
抹灰空鼓	无明显空鼓现象	$d<3$cm	3cm$\leqslant d<5$cm	$d\geqslant5$cm

（3）植物损害

按植物损害程度鉴定参考《可移动文物病害评估技术规程 陶质文物》WW/T 0056—2014。

植物损害程度等级鉴定标准　　　　　　　　　　　　　　　　表 I-58

检查项目	a 级	b 级	c 级	d 级
植物损害	无植物损害	植物点状生长,灰浆受植物根系破坏	局部有植物生长,影响建筑立面风貌	植物根系生长已破坏建筑构造

7）油饰彩画

（1）龟裂

按龟裂程度鉴定参考《古代建筑彩画病害与图示》WW/T 0030—2010。

161

龟裂程度等级鉴定标准

表 I-59

检查项目	a 级	b 级	c 级	d 级
龟裂	表面无龟裂现象	仅有点状龟裂现象	局部龟裂	大面积龟裂

（2）起甲

按起甲程度鉴定参考《古代建筑彩画病害与图示》WW/T 0030—2010。

起甲程度等级鉴定标准

表 I-60

检查项目	a 级	b 级	c 级	d 级
起甲	表面无起甲现象	仅有点状起甲现象	局部起甲	大面积起甲,且局部已掉皮脱落

（3）脱落

按脱落程度鉴定参考《古代建筑彩画病害与图示》WW/T 0030—2010。

脱落程度等级鉴定标准

表 I-61

检查项目	a 级	b 级	c 级	d 级
脱落	表面无脱落现象	仅有点状脱落现象	局部脱落	大面积脱落,且地仗裸露

（4）变色

按变色程度鉴定参考《古代建筑彩画病害与图示》WW/T 0030—2010。

变色程度等级鉴定标准

表 I-62

检查项目	a 级	b 级	c 级	d 级
变色	表面无变色现象	仅有点状变色现象	局部变色,颜料粉化	颜料大面积粉化且地仗裸露

（5）烟熏

按烟熏量鉴定参考《古代建筑彩画病害与图示》WW/T 0030—2010。

烟熏程度等级鉴定标准

表 I-63

检查项目	a 级	b 级	c 级	d 级
烟熏	表面仅存点状烟熏	表面局部烟熏,但不影响建筑风貌	表面局部烟熏,已影响建筑风貌	大面积烟熏,对建筑风貌有较大影响

附录 J 1959 年初祖庵大殿实测图

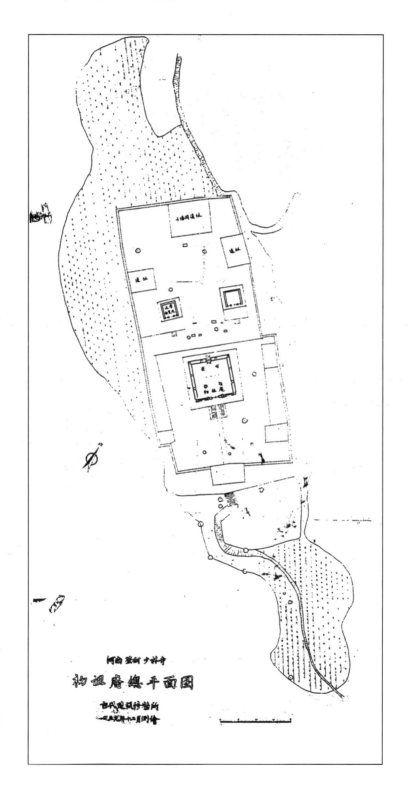

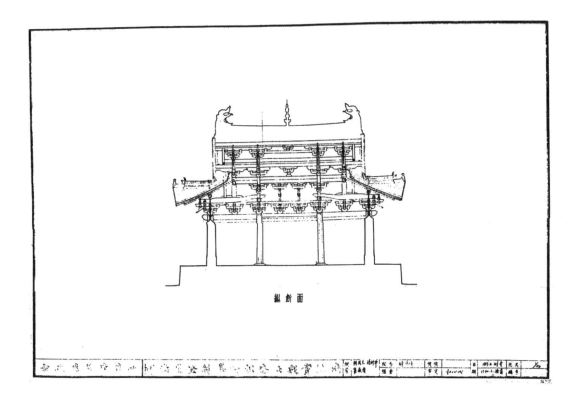

纵断面

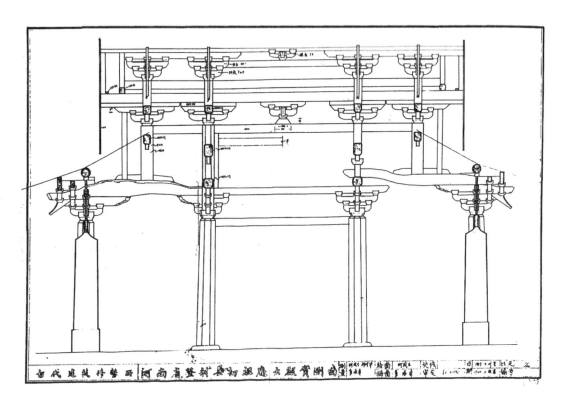

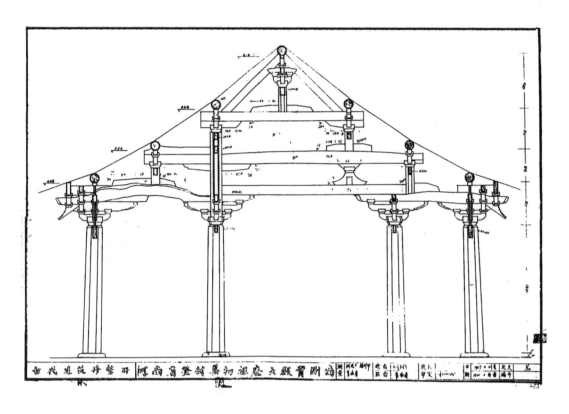

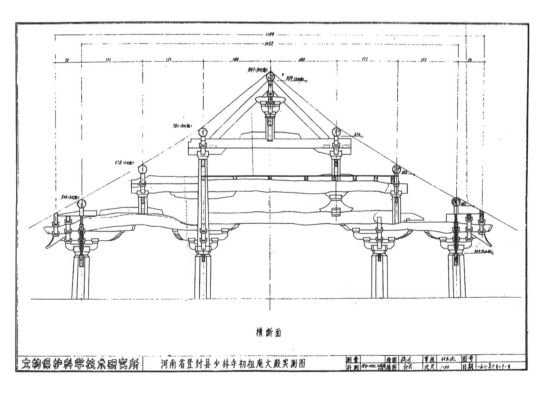

横断面

附录

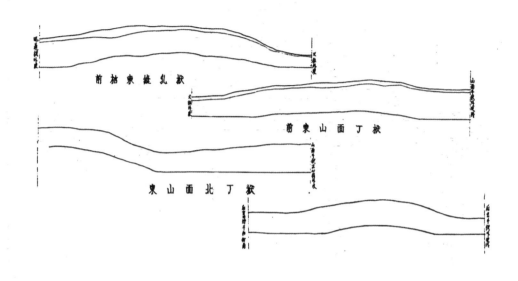

前檐東進孔狀

前東山面丁狀

東山面北丁狀

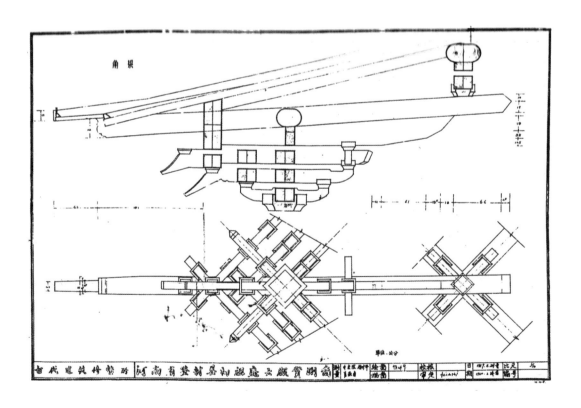

角梁

166

附录 K 初祖庵保护规划区划图

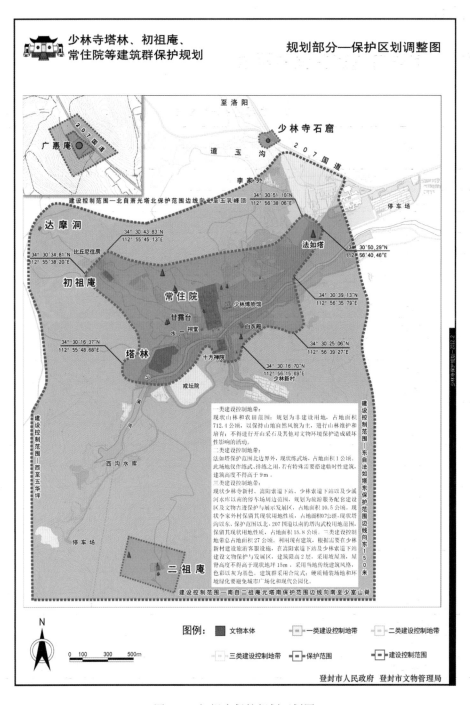

图 K-1 初祖庵保护规划区划图

初祖庵保护范围：自东围墙向东 100m，自西围墙向西 100m，自山门前墙向南 200m，自北围墙向北 100m。占地 47.7 公顷。

建设控制地带：自保护范围边线向东、西、南各外扩 500m，向北至五乳峰。占地 388.6 公顷。

附录 L 本书古建筑名词对照表

本书古建筑名词对照表　　　　　　　　　　　　　　　　　　表 L-1

本书用名	曾用名	
	清官式	宋《营造法式》
阶基	台基	阶基
压阑石	阶条石	压阑石
踏道	台阶	踏道
副子	垂带	副子
栿	梁	栿
槫	檩	槫
内柱	金柱	内柱
侏儒柱	童柱	侏儒柱
蜀柱	瓜柱	蜀柱
乳栿	双步梁	乳栿
平梁	三架梁	平梁
由额	承椽枋	由额
铺作	斗栱	铺作
方	枋	方
版栈	望板	版栈
燕颔版	瓦口	燕颔版
当心间	明间	当心间
朵	攒	朵
转角	翼角	转角
角脊	戗脊	角脊
飞子	飞椽	飞子
拆修挑拨	落架大修	拆修挑拨
斜收	收分	斜收
厦两头造	歇山顶	厦两头造

参考文献

［1］ ［清］景日昣．说嵩［M］．//郑州市图书馆文献编辑委员会．嵩岳文献丛刊：第3册．郑州：中州古籍出版社，2003．

［2］ ［清］洪亮吉等．登封县志［M］．乾隆五十二年刊本．

［3］ 刘敦桢．河南省北部古建筑调查记［J］．中国营造学社汇刊，1937，6（4）．

［4］ 吕宏军．嵩山少林寺［M］．郑州：河南人民出版社，2002．

［5］ 登封县地方志编撰委员会．登封县志［M］．郑州：河南人民出版社，1990．

［6］ 郑州市图书馆文献编纂委员会．嵩岳文献丛刊（全四册）［M］．郑州：中州古籍出版社，2003．

［7］ 任伟，贺艳．天地之中——嵩山历史建筑群［M］．上海：上海远东出版社，2019．

［8］ 刘全义．中国古建筑瓦石构造［M］．北京：中国建材工业出版社，2018．

［9］ 李允鉌．华夏意匠：中国古典建筑设计原理分析［M］．天津：天津大学出版社，2014．

［10］ 李剑平．中国古建筑名词图解辞典［M］．太原：山西科学技术出版社，2011．

［11］ 张爱图．天地之中历史建筑群［M］．郑州：河南文艺出版社，2011．

［12］ 郑州市嵩山历史建筑群申报世界文化遗产委员会办公室．嵩山历史建筑群［M］．北京：科学出版社，2008．

［13］ 任伟．嵩山古建筑群［M］．郑州：河南人民出版社，2008．

［14］ 潘谷西，何建中．《营造法式》解读［M］．南京：东南大学出版社，2005．

［15］ 马炳坚．中国古建筑木作营造技术（第二版）［M］．北京：科学出版社，2003．

［16］ 登封市水务局．登封水务志［M］．北京：解放军文艺出版社，2002．

［17］ 梁思成．清式营造则例［M］．北京：中国建筑工业出版社，1981．

［18］ LI Z R，QUE Y L，ZHANG X L，et al. Shaking table tests of Dou-gong brackets on Chinese traditional wooden structure：A case study of Tianwang Hall, Luzhi, and Ming dynasty［J］. BioResources，2018，13（4）：9079-9091.

［19］ YAO Z Y，QUE Y L，YANG X L，et al. Status investigation and damage analysis of the Dougong under the external eaves of the main hall of Chuzu Temple in the Shaolin Temple Complex［J］. BioResources，2019，14（2）：4110-4123.

［20］ LIU Y F，QUE Z L，TENG Q H，et al. Ultrasonic nondestructive testing on the lintels of the main hall of Ancestor's Monastery［J］. The 69th Annual Meeting of the Japan Wood Research，Hakodato，2019.

［21］ 刘义凡，侯同宇，滕启城，等．少林寺初祖庵大殿铺作模型拟静力试验［J/OL］．林业工程学报：1-8［2021-05-21］．https://doi.org/10.13360/j.issn.2096-1359.202011024.

［22］ 刘超文．初祖庵大殿结构及抗震性能分析［D］．郑州：郑州大学，2018．

［23］ 童丽萍，刘超文．初祖庵大殿木构架承重体系结构性能分析［J］．结构工程师，2018，34（1）：9-15．

［24］ 刘畅，孙闯．少林寺初祖庵实测数据解读［J］．中国建筑史论汇刊，2009（2）：129-157．

［25］ 王辉．试从北宋少林寺初祖庵大殿分析江南技术对《营造法式》的影响［J］．华中建筑，2003，21（3）：104-107．

［26］ 少林寺：初祖庵壁画选［J］．美与时代（中），2012（2）：96-96．

［27］ 北京建工建筑设计研究院．登封"天地之中"历史建筑群现状勘察、病害调查（三期）［R］．2019.

［28］ 南京林业大学材料科学与工程学院．登封"天地之中"历史建筑群木构古建筑现状勘察与保护研究——少林寺初祖庵大殿木构架勘察调研报告［R］．2017.

后　记

　　"登封'天地之中'历史建筑群现状调查系列丛书"作为对世界文化遗产登封"天地之中"历史建筑群为期五年的文物本体现状勘察病害调查工作的总结，今天能够顺利出版，是与各方面的支持和全院同志共同努力分不开的。

　　登封"天地之中"历史建筑群于 2010 年 8 月 1 日被列入《世界遗产名录》，成为我国第 39 处世界遗产，这意味着登封"天地之中"历史建筑群的保护和管理工作步入了新的阶段。遗产监测是世界遗产保护管理机制的核心内容之一，是世界文化遗产保护的有效手段。自 2011 年起，国家文物局即部署开展中国世界文化遗产监测预警系统建设和试点工作，登封"天地之中"历史建筑群被纳入首批试点单位。为更好地推进登封"天地之中"历史建筑群世界文化遗产监测预警体系建设，在郑州市文物局的大力支持和登封市文物局的全力配合下，原郑州市文化遗产研究院于 2014 年集中力量先后对登封"天地之中"历史建筑群（8 处 11 项）文物本体进行了为期五年的现状勘察、病害调查工作，2019 年底完成了相应的数据库系统建设，成功将所有数据进行了分类入库及有效管理。

　　勘察工作先后进行了五次，第一次自 2014 年 10 月开始，至 2015 年 2 月结束，主要对会善寺大殿做了精细测绘和病害调查；第二次从 2015 年 6 月开始，至 2016 年 8 月结束，主要对观星台本体进行了勘察；第三次从 2016 年 8 月开始，至 2017 年 9 月结束，主要对汉三阙及嵩岳寺塔本体进行了勘察；第四次从 2017 年 9 月开始，至 2018 年 10 月结束，主要对嵩阳书院及中岳庙本体进行了勘察；第五次从 2018 年 5 月开始，至 2019 年 6 月结束，主要对少林寺常住院、塔林、初祖庵及相关附属文物进行了勘察。勘察工作由原郑州市文化遗产研究院院长王文华主持，登封市文物局、登封市世界文化遗产监测站、清华大学、北京大学、中国地质大学（北京）、北京地大捷飞物探与工程检测研究院、郑州大学、河南省古代建筑保护研究院、北京建工建筑设计研究院、南京林业大学先后为病害勘察与现状调查工作提供了技术支持。

　　《初祖庵大殿》一书的资料整理和出版编辑工作于 2020 年 8 月开始。编写小组由王茜、阙泽利、李瑞、白明辉、张颖、宋文佳、乔倩等同志组成，负责资料整理及书稿撰写工作。成稿后，杜启明、赵刚、余晓川、胡继忠、贺提胜等专家对本书提出诸多宝贵意见和建议，王茜、阙泽利审核了全稿并进行了统一改定。

　　登封"天地之中"历史建筑群病害勘察工作从一开始就得到了原郑州市文物局任伟局长（现任河南省文物局局长）的大力支持。从 2014 年开始，在任伟局长的关心下，郑州市文物局连续五年对项目开展给予了资金支持。在项目结束后，又及时安排资金，促成调查成果的整理和出版工作。2020 年，郑州市机构改革，郑州市文化遗产研究院整体并入郑州嵩山文明研究院，张建华书记及张雪珍副院长对项目高度重视，保障了项目工作的连续性。

尤其感谢清华大学建筑学院郭黛姮先生。郭先生与登封"天地之中"历史建筑群有不解之缘，亲自主持《登封古建筑群总体保护规划》编制工作和多项国保单位的保护工作，深度参与登封"天地之中"历史建筑群的申遗工作，一直指导我们的保护管理工作。郭先生本计划为本套丛书作序，奈何书稿初成之时她已重病缠身，便嘱托弟子肖金亮代笔。然而，令人扼腕叹息的是，2022 年 10 月郭先生于重病之中过目后，2022 年 12 月 2 日与世长辞。经郭先生家属同意，序言仍以郭先生名义发表，以为慰藉。郭先生对祖国历史建筑保护事业的热情永远是鼓舞我们前进的动力。

登封市文物局、登封市世界文化遗产监测站、河南省嵩山风景名胜区管理委员会、中国嵩山少林寺、登封市公安局为此次工作的顺利开展提供了现场协助和保障。中国建筑工业出版社的领导和编辑为本书的出版也做出了大量有益的工作。在此一并致以最诚挚的谢意。

由于一些材料的缺失及研究者水平有限，书中难免会有一些缺憾、不妥甚至错误之处，希望同仁批评指正。

郑州嵩山文明研究院

2023 年 4 月 6 日